玩裝家家酒 兔妞 & 熊妹 的
可愛穿搭日記

大中小 **3** 尺寸 **手鉤玩偶** × **18** 件娃娃裝 × **25** 款配飾

嗨：

又見面了，
以前的我不知道貪念是何滋味，
現在知道他的力量是多大的動力了。

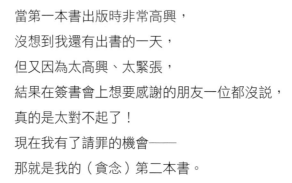

當第一本書出版時非常高興，
沒想到我還有出書的一天，
但又因為太高興、太緊張，
結果在簽書會上想要感謝的朋友一位都沒說，
真的是太對不起了！
現在我有了請罪的機會——
那就是我的（貪念）第二本書。

首先要感謝英秀手藝行的瓊容妹，
謝謝妳一直以來的幫助與鼓勵，
還有雅書堂給我再一次的機會。
更要謝謝我所有的學生給我的支持。
希望大家繼續與我一起織出美好的回憶，
我也會再設計更漂亮更可愛的作品與大家分享。

秦玉珠

我們厲害的玉珠老師出國比賽，而且抱獎回來啦！
日本線材品牌Pierrot Yarns，每季都會舉辦網路上的編織
作品投稿比賽，只要是手織的衣物、玩偶、包包、傢飾等
皆可參加。玉珠老師在2013年的春季比賽中，以極具特
色的原創舞獅參賽，在節慶活動帶來歡笑＆福氣的舞獅也
不負眾望，榮獲人氣投票獎的第一名！

Contents

My Style

Part 2 超基礎鉤織小學堂

Part 3
祕密衣櫥大公開
How to Make 作法＆織圖
P.57

Part 1
兔妞 & 熊妹的
玩裝日記
Rabbit & Bear

我和隔壁的兔妞妹
一起誕生了！

初 生

啊！我忘記自我介紹了。

大家好，我是熊妹妹，
另外一位是我的好朋友兔妞，
我們是同時間出生的呢！

1 奶嘴

How to make p.62

2 奶瓶

How to make p.63

第一份禮物

是奶嘴，耶！

我的專屬奶瓶，哇歐！

熊妹，我可以喝一口嗎？

3 紅花圍兜

How to make p.64

4 迷你玩偶

How to make p.65

最愛新玩具

兔妞，妳看妳看，新玩具波浪鼓！

哼哼，我的可是超～可愛的娃娃喔！

Q Q

我們一起玩啦！

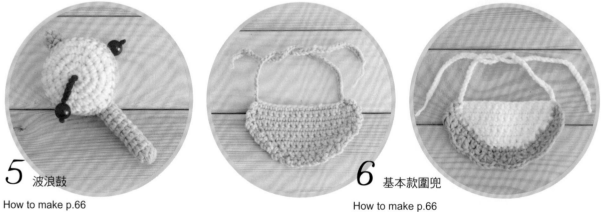

5 波浪鼓

How to make p.66

6 基本款圍兜

How to make p.66

兔妞〈小〉

How to make p.58

Personal information

身高：約26cm（含耳朵）

體重：160g

熊妹〈小〉

How to make p.60

Personal information

身高：約24cm（含耳朵）

體重：200g

成 長

熊妹和兔妞長大嘍！
這一對好姊妹在學習與玩耍中，
一起好奇地探索大千世界！

讀 書 會

帥氣的紳士帽＆領帶打造中性風格，再戴上眼
鏡、加上領片，今天是文質彬彬的讀書日！

7 領片

How to make p.73

8 帽子

How to make p.73

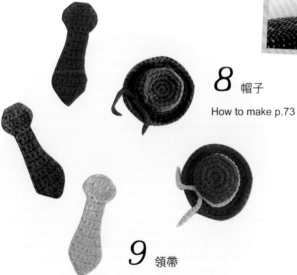

9 領帶

How to make p.73

開心下午茶

日子，就是要過的開開心心！
與好友雙雙穿上漂亮的新衣，
一同來個悠閒的午茶之約。

11 活力橘條紋套裝（長腿兔）
How to make p.76

10 浪漫圍裙洋裝
How to make p.74

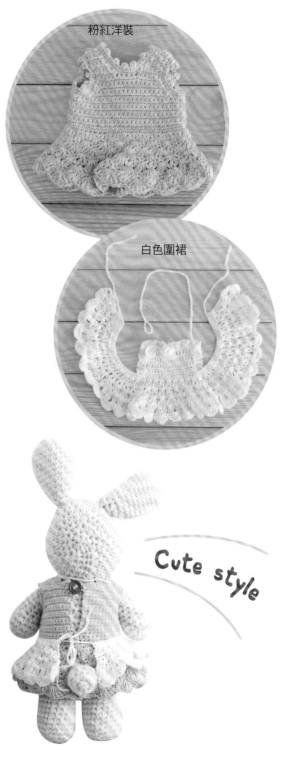

粉紅洋裝

白色圍裙

Cute style

浪漫圍裙洋裝

色彩粉嫩的洋裝。在裙片上展開的扇
形花樣，宛如一層一層的荷葉邊。
純白的圍裙以長針構成鏤空的花樣，
兩件搭配在一起，更顯浪漫呢！

Happy holiday

活力橘條紋套裝

一點也不輸給夏日陽光的亮橘色，讓
人看起來充滿了活力。短版的傘狀上
衣，以荷葉邊勾勒出活潑的線條。
再搭上橘色＆白色條紋的褲子與髮飾，
是不是非常搶眼呢！

本日衣帽間

closet

運動之日

以經典的黑白配色而成，穿著涼爽的網狀編上衣和方便活動的褲裝，活力十足的外出運動吧！

12 經典黑條紋套裝（長腿兔）
How to make p.78

Sport day

休息一下，作個日光浴吧！

本日衣帽間

closet

配件區

夏日涼鞋

涼鞋作法十分簡單，只要學會了基本的鞋底
＆鞋帶，之後就能隨意變化裝飾與配色。
揮灑創意鉤出可愛的夏日涼鞋吧！

13 涼鞋

How to make p.81

該選哪一雙？

踏青之日

暖暖的冬日陽光最舒服了！
今天兔妞跟熊妹約好，要去郊外踏青呢！ ♡

Happy holiday

看我穿上可愛的小紅帽斗篷，這可是真正的萬綠叢中一點紅呢！

清新的草原綠加上毛絨絨的滾邊，這件充滿大自然氣息的洋裝，最適合郊遊踏青啦！

14 小紅帽斗篷套裝

How to make p.82

15 清新草原套裝

How to make p.84

時尚睡衣秀

這兩件風格不同的睡衣，
其實是一模一樣的款式喔！
只是改變配色，
給人的感覺就大不相同，
一件是柔美的粉紅色系，
一件是繽紛亮眼的多彩拼接，
你喜歡哪個設計呢？

16 甜蜜夢鄉睡衣
How to make p.86

我背影好看嗎？

本日衣帽間

17 極彩條紋睡衣

How to make p.86

兔妞〈中〉
How to make p.67

Personal information

身高：約42cm（含耳朵）
體重：240g

熊妹〈中〉
How to make p.70

Personal information

身高：約37cm
體重：300g

兔妞〈中・長腿〉
How to make p.67

Personal information

身高：約47cm（含耳朵）
體重：290g

My Style

生活多采多姿的熊妹和兔妞,各有一套穿搭哲學。兔妞愛亮眼裝扮,熊妹追求舒適自然。唯一不變的,當然是姊妹淘的友情呀!

18 多彩洋裝

How to make p.94

日日多彩

配合洋裝色彩加上各種
裝飾,就能變化出許多
風格;可休閒、可活潑、
可淑女。若是搭配精緻
的領片,立即化身奢華
貴氣的名媛風。這麼百
搭的衣服,當然是多多
益善嘍!

Happy time

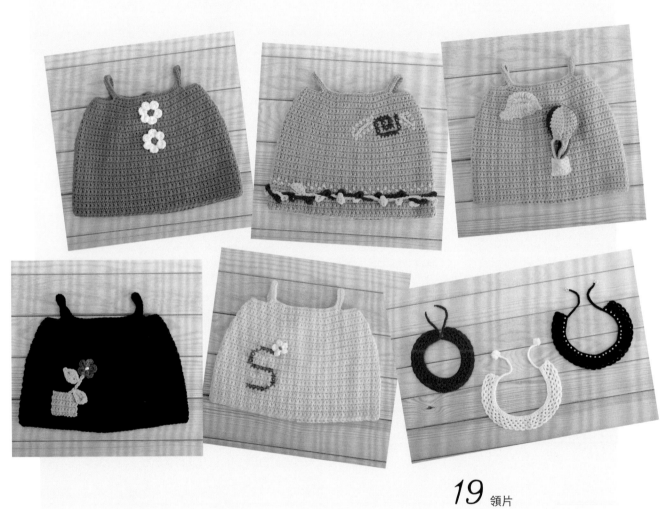

本日衣帽間

19 領片

How to make p.101

散步之日

滿眼綠意的夏日來臨，穿上色彩鮮豔的拼接燈籠洋裝，背上同款的小包包，別上心愛的髮飾，外出散步去吧！

休息一下囉！

本日衣帽間

20 亮彩拼接燈籠衣

How to make p.96

呼～終於穿好了

本日衣帽間

21 套頭上衣
How to make p.98

22 休閒短褲
How to make p.100

演唱會之日　登登登登～今天是兔妞上台表演的
日子。看我這一身華麗麗的皮草風
洋裝，是不是很有巨星風采呢！
該我獻唱了，待會再聊嘍！

今天要為大家獻
唱的歌曲是⋯⋯

23 皮草風奢華洋裝

How to make p.102

換裝再登場！
這是件小外套，
也是圍巾喔！

謝謝大家的支持，
下次再見‼

本日衣帽間

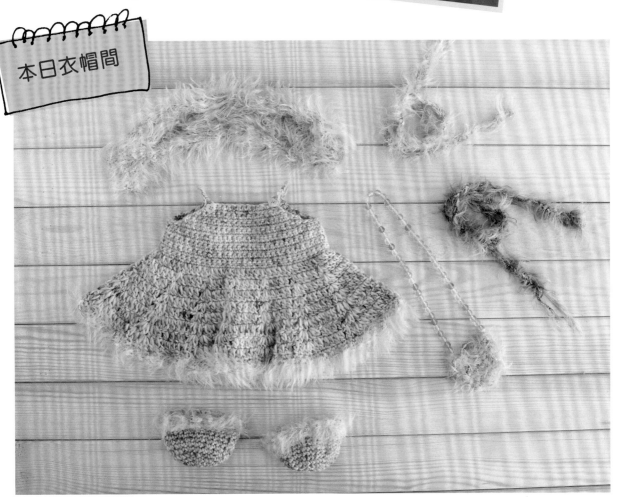

兔妞〈大〉
How to make p.88

Personal information

身高：約 56.5cm（含耳朵）

體重：470g

熊妹〈大〉
How to make p.91

Personal information

身高：約 50.5cm

體重：535g

Part 2

超基礎
鉤織小學堂
Basic Lesson

[組合的基本順序]

縫合玩偶時，基本上是由大到小，從身體、頭、四肢、耳朵、鼻子、尾巴的順序來完成。大部分的玩偶都是先縫合頭和身體，找出中心點後，再依整體平衡接縫四肢。接縫時可善用水消筆、氣消筆或珠針等工具輔助，讓組合過程更加精準順利。

[玩偶縫線長度]

縫合身體與頭部時，預留的毛線只需留一邊即可，線長至少要口徑的兩圈半。若是20針以下的小口徑，還需加上縫針的長度，以免收線打結時過短。

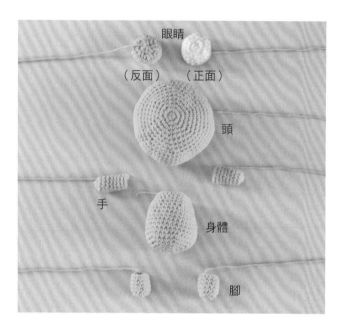

示範作品為《可愛鉤織玩偶日記》的青蛙

[填充棉花的技巧]

填充毛線偶使用的棉花是聚酯棉，棉花不但有長纖、短纖的分別，價格也會因等級而異。品質好的棉花不易變形、變硬，有彈性也比較耐洗。購買棉花時，可以親手感受一下實際的觸感。最恰當的填充量，就是玩偶飽滿有型又有彈性的程度。填充時，請注意不要先將棉花揉成圓球形，再一點一點的放入，這種作法不但會讓外觀凹凸不平，摸起來的觸感也比較不好。此外，棉花的量不可太少，玩偶會扁塌沒有型；但也不能太多，過於紮實的玩偶會變得硬梆梆，這樣就沒有軟綿綿的手感囉！若是不需要填充得太飽滿的小零件，也可以使用零碎的線段作為填充物喔！

[玩偶眼睛]

市面上有許多玩偶用的眼睛配件，縫合固定的香菇釦形式不但牢固，對小朋友而言也比較安全。亦可使用一般鈕釦作為眼睛，如本書大偶。

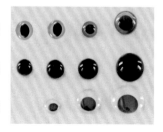

雙色水晶眼睛

半圓黑色香菇釦

動動眼

基本工具

以下介紹的工具，都是製作鉤織玩偶時最基本的必備工具。
先了解各項工具的作用，再開始鉤織會更加得心應手喔！

1. 珠針：縫合玩偶時的好幫手，先將各部位以珠針固定，再開始縫合，不但可以抓到玩偶擺放的平衡感，零件也不容易位移。

2. 線剪：剪斷毛線。

3. 記號圈：有許多樣式，但功能都一樣，主要是標示段數或針數之用。編織段數較多時，每隔幾段掛上一個記號圈就很方便計算。剛開始學習鉤織的初學者，也可以在每段的第一針先掛上記號圈，最後鉤引拔針時就不會弄錯針目囉！

4. 毛線針：縫合玩偶身體各部位，或是以毛線繡出五官時使用。

5. 鉤針：一般鉤針由2/0號（細）到10/0號(粗)，當然也有更粗的巨型鉤針，與更細的蕾絲鉤針。本書使用4/0〜8/0五種尺寸的鉤針，請依作法說明選用。

6. 鑷子：填塞棉花時可用於較細小或較深的部位。

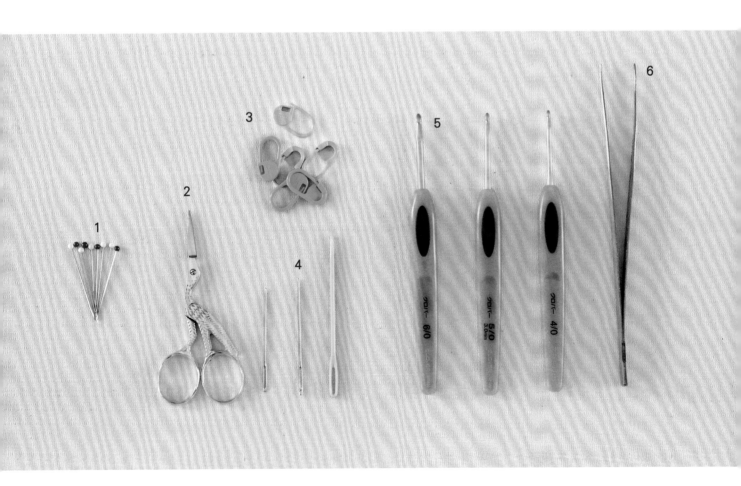

關於
毛線

[購買時要注意批號]

毛線上的標籤除了記載品名、成分、色號、適用針號等基本資訊外，通常還會有一個表示批次號碼的Lot. No.。由於同色號的毛線顏色也有可能因為不同染缸批次而產生些許差異，因此一件作品上相同的顏色，最好使用批號相同的毛線。

[抽取毛線的方式]

許多新手都會拿掉毛線的標籤，直接使用外側的線頭開始編織，這樣標籤容易不見，編織時毛線球也會到處亂滾。其實另一端的線頭都會在毛線球中心，只要將那一小球線團（有的廠商會將線頭纏在小紙片上）抽出，從內側的線頭開始使用，編織時，毛線球就會乖乖待在原地嘍！

[毛線種類]

鉤織玩偶大多使用觸感柔軟的手鉤紗線材，成分多為不容易變形、變質的亞克力纖維、尼龍等。毛線除了有各種材質與粗、細的分別，也能依外形差異分類。對初學者而言，一般的平直線材最容易上手，而帶有各種絨毛狀的特色線材，由於較不易看清針目，因此在鉤織時需要更仔細，或勤於加上記號圈等標示。以下為本書使用的線材簡介，若想改換不同毛線鉤織，可參考適用的鉤針號，選擇粗細相近的毛線即可。

平直線

一般最常見的毛線，就是呈圓直狀的平直線。品牌眾多，無論是線材粗細、材質種類還是色彩表現，選擇性可說是包羅萬象！

EXCEL EX991　4/0 號鉤針
Aislon 貝碧嘉線 5/0 號鉤針
蘇菲亞 SUPER WOOL 舒伯毛線 5/0 號鉤針
蘇菲亞 LOVELY 愛情花點線 S007 6/0 號鉤針
蘇菲亞 EASY 依麗毛線 8/0 號鉤針
Gedifra Volata Tweed 佛瑞塔毛線 8/0 號鉤針

特色線

這些線材外觀各有特色，能夠編織出獨具風格的織品。呈短絨毛狀的綿綿線，觸感如同細緻的毛巾。伊柔毛線、TENDER 帶有圓圈狀或長長的絨毛，小花毛毛則宛如一串相連的毛球。

羊媽媽 MEI 綿綿毛線 7/0 號鉤針
羊媽媽 ROU 伊柔毛線 7/0 號鉤針
蘇菲亞 TENDER 花金蔥塔諾 8/0 號鉤針
蘇菲亞 MOMO COLOR 小花毛毛 4/0 號鉤針

平直線

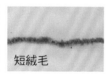
短絨毛

圓圈狀絨毛

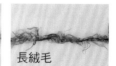
長絨毛

[鉤針編織記號]

鉤針編織的每一種針法都有固定的代表符號，只要知道織圖上代表的符號意義，
並且熟悉針法，無論是毛線偶、圍巾、各式小物、包包，甚至背心或罩衫，
只要有織圖，都能鉤織出來喔！

鎖針	引拔針	短針	畝針	2短針加針	2短針併針	3短針併針	接線	剪線	3鎖針的結粒針

表引短針	裡引短針	裡引短針加針	裡引短針2併針	中長針	長針	2長針加針	3長針加針	五長針的爆米花針

與 的差別　針腳的密合與開口的差別，在於挑針方式。前者針腳密合，代表這兩針長針都是
挑同一針目鉤織。後者針腳開口，則是穿過前段針目下方空隙，將針目包裹般的
鉤織方式，稱為挑束鉤織。

[鎖狀起針的織圖]

鉤織橢圓形或是玩偶衣服時，是以鎖針為基底針
目的作法。由於初學者容易混淆而算錯針數，因
此請務必閱讀以下說明喔！

以「起針鉤5針鎖針」為例：

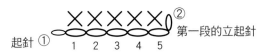

起針 ① 　　　　　　 ② 第一段的立起針
　　　　1　2　3　4　5

①起針的鎖針要拉緊，以避免線頭鬆脫，由於
　針目會很小，所以不計入針數內。下一針鎖
　針才開始視為第 1 針。

②這一針鎖針是轉彎開始鉤織第 1 段的立起
　針，所以也不能計入針數。下一針短針才開
　始視為第 1 針。

注意！
一定要鉤，但是不計入針數的針目。

■ **短針立起針的鎖針**
　每段開頭的立起針鎖針數，會隨著之後鉤織的針目而不
同，中長針為2鎖針，長針為3鎖針，只有短針的1針鎖針
不計入針數，也不會在上面挑針鉤織。中長針、長針等
其他針目的立起針，則視為1個針目，需計入針數中。

■ **收針處的引拔針**
　引拔針同樣不計入針數，所以也是不能在上面挑針鉤織
的針目。然而在每一段的最後都要與該段第一針作引拔
收針，而這個引拔針看起來會很像一針短針，因此很容
易誤判。書上的符號可以畫得很小，因此容易分辨，但
實際上鉤起來跟其他針目差不多。為了避免鉤錯，初學
者可利用記號圈等工具暫時標記起來。

[輪狀起針的織圖]

鉤織毛線偶等球狀或圓形織片時，
通常都是以輪狀起針開始鉤織。

鉤織的進行方向

一般鉤織玩偶時，大多是順著同一方向編織。但
也有需要改換方向進行的時候（往復編），這時
請注意鎖針與引拔針的位置。

①引拔針在右，往左
邊開始鉤織。

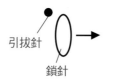

②引拔針在左，往右
邊開始鉤織。

[達人直傳！超好懂獨家織圖解析]

鉤織玩偶的加減針是有規律的，通常可以將
輪狀起針的織圖等分，而每一等分的針法都
一樣。1/6等分的織法，代表同樣的織法重覆
六次。以此類推，1/3的織法就代表同樣的織
法重覆三次。將織圖等分後，看起來是不是
容易多了呢！

	段	針數	加減針	織法
	8	15	不加減	×××××
	7	15	＋3針	×××∨
	6	12	不加減	××××
1/3	5	12	＋3針	××∨
	4	9	不加減	×××
	3	9	＋3針	×∨
1/6	2	6	不加減	×
	1	6	在輪中鉤織 6針短針	×

每一段的開始與結束

輪狀起針的織圖，引拔針通常都畫在鎖針旁邊，
但實際上卻是與該段第 1 針鉤引拔（跳過立起針
的鎖針）。下一段的第1針，也是同樣挑第1針。

每一段收針與開始的順序為：

1. 收針：與該段第1針鉤引拔針。
2. 開始①：鉤1針鎖針作為下一段的立起針。
3. 開始②：在前段第1針挑針鉤織。

＊ 上述的第 1 針是同 1 針

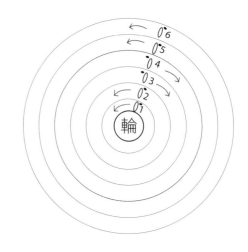

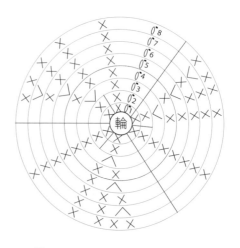

（輪）＝輪狀起針

第一段‧6針，1/6等分。

第二段‧6針，1/6等分，針數一樣不加減。

第三段‧9針，1/3等分，加3針。

鉤針編織基礎技巧

基本手勢

1. 左手掌朝上，線材如圖示從無名指與小指之間穿過，繞過食指。

2. 以拇指和中指壓住線端固定。

3. 右手拇指和食指輕輕拿起鉤針，中指抵住側邊輔助。

鎖針起針

1. 以織線掛在左手食指上的基本手勢，將鉤針背面抵住線。

2. 鉤針稍微向後拉，如圖掛線。

3. 鉤針朝下立起，再朝上迴轉使線交叉，作出線圈。

4. 以拇指和中指壓住線圈交叉的地方。

5. 鉤針如圖掛線。

6. 將線鉤出，穿過原本掛在鉤針上的線圈。

7. 完成鎖針起針（這 1 針不算在針數內）。

鎖 針

1. 鉤針掛線。

2. 將線鉤出，穿過原本掛在鉤針上的線圈。

3. 完成鎖針1針。

4. 重複步驟1～3，鉤織必要的鎖針數。

在鎖針上鉤織短針（平編）

1. 鉤織必要的鎖針數後，再鉤1針作為立起針。

2. 接著如圖示挑起鎖針半針與裡山二條線。

3. 鉤針掛線，將線鉤出。

4. 鉤針再次掛線，一次穿過掛在鉤針上的2線圈。

5. 完成 1 針短針。接著重複步驟 2 ～ 4，鉤織必要的短針數。

6. 完成第1段的模樣。

輪狀起針

以線圈作輪狀起針，第 1 段為短針的情況。

1. 線在手指上繞2圈。

2. 拇指和中指壓住線圈固定。

3. 將鉤針穿入線圈中，掛線後將線鉤出。

鎖針

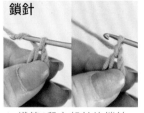

4. 織第1段立起針的鎖針。鉤針再次掛線，將線鉤出穿過針上的線圈，完成1針鎖針。

短針

5. 在輪中鉤織短針。鉤針穿入線圈中，掛線鉤出。

6. 鉤針再次掛線，一次穿過掛在鉤針上的2線圈，完成1針短針。

7. 重複步驟 5 ～ 6，鉤織必要的短針數。

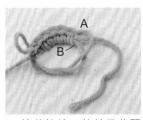

8. 接著拉線，使針目收緊成環。先拉下方的B線就會收緊上方的A線。

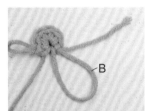

9. A線收緊的模樣。

10. 接著再拉住線頭，即可將B線完全收緊成圈，如圖。

引拔針

11. 鉤織引拔針，完成第1段。鉤針如圖，在第1針短針上挑針。

12. 鉤針掛線，一次穿過短針與鉤針上的線圈。

13. 完成接合第1段頭尾的引拔針。第1段鉤織完畢。

2短針加針

在同一針目挑針鉤織2針短針，1針增加為2針。

1. 在針目上挑針，鉤織短針。

2. 完成1針短針。

3. 鉤針再次穿入同一個針目，鉤織1針短針。

4. 1針增加為2針。

小叮嚀

中長針、長針等……其他針目的加針方式，與短針相同，都是在同一處挑針，鉤織必要的加針針數，2加針就鉤入2針，3加針就鉤入3針，5加針就鉤入5針，以此類推。

2短針併針（減針）

只從前段鉤出線，作出未完成的2針，再掛線一起引拔，將2針減為1針。

1. 鉤針穿入針目，掛線鉤出。

2. 作出未完成的短針1針。
※「未完成」的針目是指，再引拔一次即可完成的狀態。

3. 鉤針直接穿入下一針針目，同樣掛線鉤出。

4. 此時鉤針上掛著未完成的短針2針。鉤針掛線，一次引拔鉤針上的3線圈。

5. 2短針併為1針，完成減1針。

小叮嚀

中長針、長針等……其他針目的減針技巧與短針相同，都是挑針鉤至未完成的程度（僅差最後的引拔，即完成針目的狀況），就改挑下一針鉤織，挑足減針數之後，再一次引拔針上所有針目。2併針就挑2針才引拔，3併針就挑3針才引拔，以此類推。

3短針併針

1. 參考2短針併針，按步驟1～3的要領挑3針。此時鉤針上掛著未完成的短針3針。

2. 鉤針掛線，一次引拔鉤針上的4線圈。

3. 完成3短針併為1針。

短針的畝針

只挑外側半針鉤織，讓織片表面呈現條紋的針法。

1. 鉤針穿過前段針目的外側半針，掛線鉤出。

2. 鉤針再次掛線，穿過針上2線圈。

3. 完成1針畝針。

雙鎖針

雙鎖針可使用二條線鉤織，也可以一條線鉤織。若使用一條線，則鉤織起始處為線段中間，線頭預留的長度則是完成長度的三倍。

1. 以一條線鉤織雙鎖針的情況。線頭預留三倍長度後，鉤鎖針起針。

2. 如圖示，將線頭掛在鉤針上。

3. 拇指和食指固定針上的
線圈，鉤針掛線。

4. 將線鉤出，穿過針上的2
線圈。

5. 重複步驟 2～4，鉤織
必要的針數。

中長針

高度為立起針
鎖針 2 針的針目。

1. 鉤織作為立起針的鎖針2
針（計入針數）。

2. 鉤針先掛線，再穿入針
目。

3. 鉤針再次掛線，鉤出。

4. 引拔前的狀態，針上掛
著3個線圈。

5. 鉤針掛線，先引拔前2個
線圈。

6. 鉤針再次掛線，一次引
拔針上2個線圈。

7. 完成1針中長針。

長針

高度為立起針
鎖針 3 針的針目。

1. 先鉤3針鎖針作為立起
針（計入針數）。

2. 接著鉤針先掛線，再挑
針。

3. 鉤針穿過針目後，再次
掛線。

4. 鉤出後的模樣。

5. 再次掛線後，一次穿過針上1.2兩線圈。

6. 鉤針再一次掛線，一次穿過針上的兩線圈。

7. 完成1針長針。

裡引短針

1. 將織片翻至背面。

2. 如圖示橫向挑針。

3. 掛線鉤出，穿過針目。

4. 繼續鉤織短針。

5. 再次掛線，一次穿過針上的兩線圈。完成一針短針。

換線方法
1

從最後一針的
第二次掛線開始鉤織

1. 左手改掛替換的色線，線頭以中指壓住，鉤針掛新線，鉤織最後1針短針的後半針。

2. 完成最後1針短針的模樣。

3. 鉤針穿入該段第1針，掛線鉤出。

4. 完成接合該段頭尾的引拔針。

5. 按織圖繼續鉤織，完成一段的模樣。

換線方法 2

從引拔針開始鉤織

1. 左手改掛替換的色線，線頭以中指壓住，鉤針穿入該段第1針，掛線鉤出。

2. 完成接合該段頭尾的引拔針。

3. 按織圖繼續鉤織，完成一段的模樣。

4. 左：從最後一針的第二次掛線開始換線，右：從引拔針開始換線。

緣編

鉤織緣編時，大多會另接其他色線，作出滾邊的效果。因此將從接線開始示範。

1. 鉤針穿入織圖指定的接線位置，此示範穿入兩中長針之間，即為挑束鉤織。

2. 將新線線頭摺起，鉤入中長針之間，依織圖鉤織針目，或立起針的鎖針。

3. 將接線處的兩色線線頭如圖示打結固定。

4. 將兩條線頭貼在前段針目邊緣，直接挑針或挑束鉤織。在鉤織針目時，將線頭包起。

5. 繼續依織圖鉤織緣編。

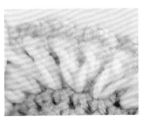

6. 完成短針與3鎖針的緣編。

填充棉花

棉花的量寧願多而不要少,才能作出飽滿有彈性的玩偶。

1. 以兩手拇指將一團棉花壓入填充部位,確實填滿各個角落。

2. 捏住開口,確認棉花的量是否足夠。

3. 若棉花份量不足,請將原本的棉花往四周填滿,將空隙集中在中央。

4. 同樣以步驟1的方式填入棉花。這樣完成的玩偶,摸起來不會有顆粒感,外形也更漂亮喔!

玩偶縫合方式

針與針的併縫

依織圖完成各部位的織片後,就要開始進行縫合了。開口處相對的縫合,是針目與針目的併縫,即使兩方的針數不同,也容易找到對應的針目。

1. 玩偶零件的開口相對(如頭&身),以立起針的鎖針處為準對齊。

2. 預留的線頭穿針,從內側入針,在表面穿出。

3. 依序穿過相對的兩針目,如圖所示進行縫合。

4. 由於縫合的部位之間仍會有空隙,因此收口前要再度填入棉花。

5. 全部針目縫合完畢後,毛線針如圖示橫向挑針,在針上繞線。

6. 捏緊繞線部分後將縫針用力抽出,完成止縫結。

7. 縫針從止縫結旁邊穿入,自對面穿出,稍稍拉緊線尾,將縫結藏入內側。

8. 剪刀平貼表面,剪線。

針與段的併縫

將開口處縫合在織片上的
情況，由於不像針與針的
併縫那樣容易對齊，因此
新手在縫合之前，最好先
以珠針等工具標好位置，
才不會挑錯針而縫歪。

1. 縫合前先確認好位置
（如熊鼻＆頭）。

2. 如圖所示，預留的線頭
穿針後，毛線針從針目
穿入，挑起段上的一針
縫合。

3. 依序挑針縫合，再按照
「針與針的併縫」步驟
4～8完成收針。

手&腳
縫法

玩偶的手、腳，依情況不
一定會塞滿棉花，縫合時
就會壓扁來縫。由於位置
可依喜好調整，所以縫合
的針目也會有所不同，挑
針時請注意相對的針目
位置。

1. 放在身體兩側的位置，
對齊針目縫合即可。

2. 在身體兩側，但是傾斜
有角度的位置。對好縫
合針目後，毛線針如圖
穿入。

3. 一一併縫相對針目，完
成縫合。

繡縫眼睛
（香菇釦）

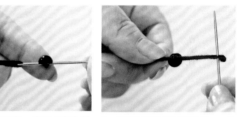

1. 線端打結，穿入毛線針
及作為玩偶眼睛的釦
腳。

2. 將眼睛移至線結前，毛
線針如圖穿過線結前的
線中央，固定眼睛。

3. 確定眼睛的縫合位置
後，直接一針穿過相
對的兩點。

4. 稍稍用力拉緊，將釦腳
收入內側。

5. 將另一側的眼睛穿入，
固定即可。

6. 繡縫完成的模樣。（示範
作品為《可愛鉤織玩偶日記》
的犀牛）

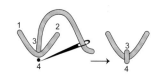

縫嘴法
（微笑）

1出→2入→3出→4入。

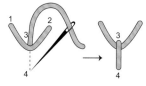

簡易
縫鼻法

1出→2入→3出→4入。

小叮嚀

若想讓臉部看起來更有立體感，可在繡縫玩偶眼睛時，使用同一條縫線，並收緊兩眼之間的縫線，讓輪廓更明顯。當然，依據玩偶眼睛位置的不同，造成的效果也不同。以本書為例，熊妹的眼睛位置較平坦，因此加深的幅度有限。而眼睛在左右側面的兔妞，收緊縫線後，就能讓臉部至鼻頭的輪廓更立體。

Part 3

祕密衣櫥大公開
How to make
作法 & 織圖

兔妞〈小〉 P.11

線材　EASY 米白（401）100g

工具　8/0 號

棉花　15g

配件　1.5 公分黑色鈕釦一對

作法

輪狀起針，分別依織圖鉤織好各部位後，除指定以外皆塞入棉花。先組合身體與頭部，再縫合足、手、耳、尾。耳朵要先對摺，縫合固定後再縫於頭頂上。最後縫上鈕釦眼睛。

•小 叮 嚀•

小兔的頭是由後腦勺往前鉤織。只要跟著織圖減針，最後再以引拔針收尾，就能鉤出放奶嘴的孔。

頭　1個

段	針數	加減針	織法
19	12	不加減	引拔針
18	12	－6 針	X∧
17	18	不加減	
16	18	－6 針	XX∧
15	24	不加減	
14	24	－6 針	XXX∧
13	30	不加減	
12	30	－6 針	XXXX∧
7～11	36	不加減	
6	36	＋6 針	XXXXV
5	30	＋6 針	XXXV
4	24	＋6 針	XXV
3	18	＋6 針	XV
2	12	＋6 針	V
1	6	輪狀起針	

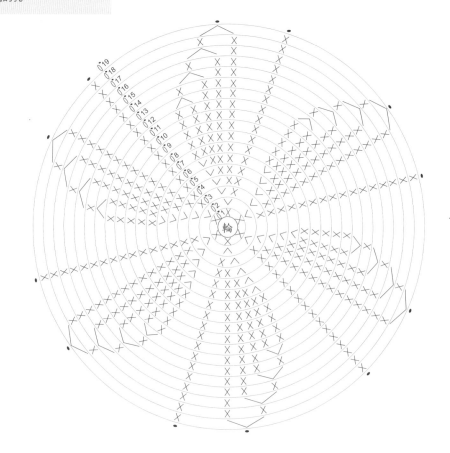

身體　1個

段	針數	加減針	織法
18～19	24	不加減	
17	24	－6針	XXX∧
16	30	不加減	
15	30	－6針	XXXX∧
7～14	36	不加減	
6	36	＋6針	XXXXV
5	30	＋6針	XXXV
4	24	＋6針	XXV
3	18	＋6針	XV
2	12	＋6針	V
1	6	輪狀起針	

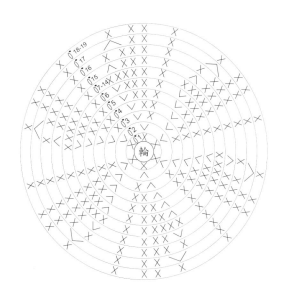

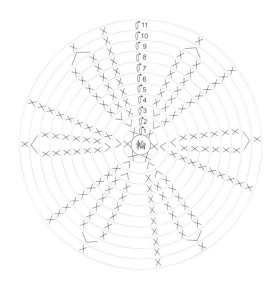

耳　2個

段	針數	加減針	織法
11	12	不加減	
10	12	－6針	X∧
4～9	18	不加減	
3	18	＋6針	XV
2	12	＋6針	V
1	6	輪狀起針	

※ 不放棉花。

足　2個

段	針數	加減針	織法
7～8	12	不加減	
6	12	－3針	XXX∧
4～5	15	不加減	
3	15	＋3針	XXXV
2	12	＋6針	V
1	6	輪狀起針	

手　2個

段	針數	加減針	織法
6～10	9	不加減	
5	9	－3針	XX∧
3～4	12	不加減	
2	12	＋6針	V
1	6	輪狀起針	

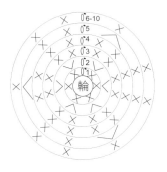

尾　1個

段	針數	加減針	織法
5	6	－6針	∧
3～4	12	不加減	
2	12	＋6針	V
1	6	輪狀起針	

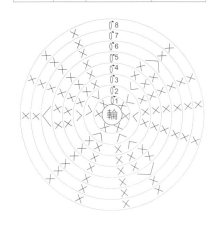

熊妹〈小〉 P.11

線材　EASY 棕色（417）110g・EX991 黑色（28）少許

工具　8/0 號鉤針

棉花　100g

配件　直徑 1.2 公分黑色鈕釦一對

作法

輪狀起針，分別依織圖鉤織好各部位後，除指定以外皆塞入棉花。先組合身體與頭部，再縫合足、手、耳、尾、鼻，最後縫上鈕釦眼睛與鼻頭。

頭　1個

段	針數	加減針	織法
14	24	−6針	XXX∧
13	30	−6針	XXXX∧
7～12	36	不加減	
6	36	＋6針	XXXXV
5	30	＋6針	XXXV
4	24	＋6針	XXV
3	18	＋6針	XV
2	12	＋6針	V
1	6	輪狀起針	

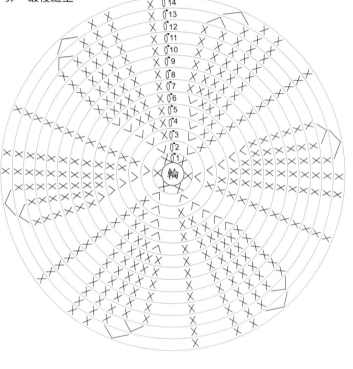

身　1個

段	針數	加減針	織法
18～19	24	不加減	
17	24	−6針	XXX∧
16	30	不加減	
15	30	−6針	XXXX∧
7～14	36	不加減	
6	36	＋6針	XXXXV
5	30	＋6針	XXXV
4	24	＋6針	XXV
3	18	＋6針	XV
2	12	＋6針	V
1	6	輪狀起針	

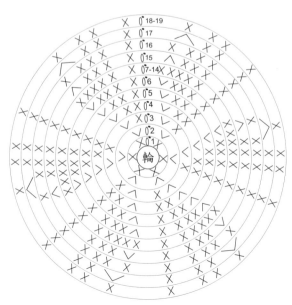

鼻　1個

段	針數	加減針	織法
4	20	＋5針	XXV
3	15	＋5針	XV
2	10	＋5針	V
1	5	輪狀起針	

腳　2個

段	針數	加減針	織法
7～8	12	不加減	
6	12	－3針	XXXΛ
4～5	15	不加減	
3	15	＋3針	XXXV
2	12	＋6針	V
1	6	輪狀起針	

手　2個

段	針數	加減針	織法
6～10	9	不加減	
5	9	－3針	Λ
3～4	12	不加減	
2	12	＋6針	V
1	6	輪狀起針	

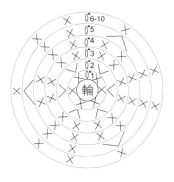

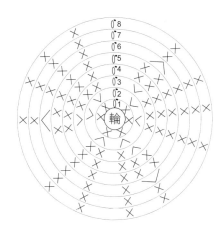

耳　2個

段	針數	加減針	織法
4～5	18	不加減	
3	18	＋6針	XV
2	12	＋6針	V
1	6	輪狀起針	

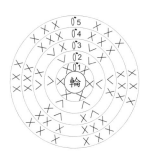

※ 僅放少許棉花。

尾　1個

段	針數	加減針	織法
5	6	－6針	Λ
3～4	12	不加減	
2	12	＋6針	V
1	6	輪狀起針	

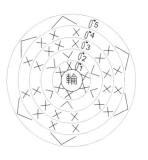

・小 叮 嚀・

組合時注意下列要點：
・耳朵與手位置在熊側面的中心點。
・眼睛的位置在鼻子最高一段的兩側。

1 奶嘴 P.08

線材　EX991 白（01）‧粉紅（04）各少許

工具　4/0 號鉤針

配件　直徑 1 公分圓珠 1 顆‧別針 1 個

作法

奶嘴分為 2 個部分，先分別完成 A- 奶嘴與 B- 奶嘴盾盤，然後將 A-奶嘴從 B- 奶嘴盾盤中間穿過去，縫合固定。依織圖鉤織小花與雙鎖針線繩，小花背面縫上別針，線繩與奶嘴縫合即完成。

依織圖鉤織 A 與 B。A- 奶嘴鉤織完成後，裡面放一顆珠珠，尺寸最好等同於織品大小，放入後收口束緊。預留 30 公分左右的線，將 A- 奶嘴從 B- 奶嘴盾盤中間穿過去，再以 30 公分的線縫合固定幾針，剩下的線鉤織鎖針，圍成圓形拉環後縫合。

A- 奶嘴　1 個（EX991 白 01）

段	針數	加減針	織法
5	6	不加減	
4	6	－ 3 針	X∧
3	9	不加減	
2	9	＋ 3 針	XV
1	6	輪狀起針	

B- 奶嘴盾盤　1 個（EX991 白 01）

段	針數	加減針	織法
4	24	＋ 6 針	XXV
3	18	＋ 6 針	XV
2	12	＋ 6 針	V
1	6	鎖針起針	

小花別針　1 個（EX991 粉紅 04）

鉤織 1 條 15 公分左右的雙鎖針後，再依織圖鉤 1 朵小花。雙鎖針線繩一端固定在奶嘴拉環上，一端與小花縫合，小花背面縫上別針即完成。

How to make

2 奶瓶 P.08

線材　EX991 米白（02）‧水藍（11）各少許

工具　4/0 號鉤針

棉花　5g

配件　直徑 1 公分圓珠 1 顆（放在奶嘴內）

作法

輪狀起針，從瓶底開始鉤織，瓶蓋部分改換色線，依織圖鉤 3 段引短針。鉤至最後一段的奶嘴時，先填入棉花，再於嘴巴的位置放 1 顆 1 公分的圓珠。

奶瓶　1 個

	段	針數	加減針	織法	配色
奶嘴	21	6	－ 3 針	XΛ	米白（02）
	19～20	9	不加減		
	18	9	＋ 3 針	XV	
	17	6	－ 6 針	Λ	
	16	12	－ 6 針	XΛ	
瓶蓋	15	18	－ 9 針 引短針	XΛ	水藍（11）
	14	27	不加減 引短針		
	13	27	＋ 9 針 引短針	XV	
瓶身	5～12	18	不加減	X	米白（02）
	4	18	不加減 畝編	X	
	3	18	＋ 6 針	XV	
	2	12	＋ 6 針	V	
	1	6	輪狀起針		

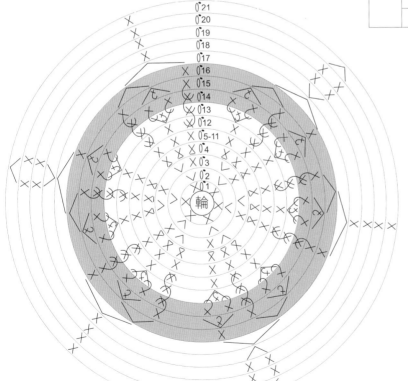

⌒ ＝表引短針

⌇ ＝裡引短針

⩔ ＝裡引短針加針

⩚ ＝裡引短針 2 併針

3 紅花圍兜 P.09

線材 EX991 紅（19）約 10g・綠（21）
・白（01）各少許

工具 4/0 號鉤針

作法

1. 綁帶，鎖針起針 80 針，剪線。找出中心
點後，依織圖在指定位置上接線，鉤織短
針、中長針與長針。
2. 綠葉底座，依織圖鉤織第 1 段的鎖針與短
針，在鎖針上挑針鉤織短針、挑束鉤織中
長針與長針。

3. 紅花，先取白色線開始鉤織，輪狀起針，
在輪中鉤 6 針短針。第 2 段開始換紅色線，
依序鉤織引拔針、2 鎖針、2 長針、2 鎖針、
引拔針的花瓣。鉤織第 3 段時，將第 2 段
的花瓣往自己的方向壓下，挑針鉤織鎖針
與短針。接著，將花朵翻至背面朝上，在
第 3 段的鎖針束上，依序鉤織引拔針、3
鎖針、4 長針、3 鎖針、引拔針，完成第
4 段的花瓣。

紅花 1 個

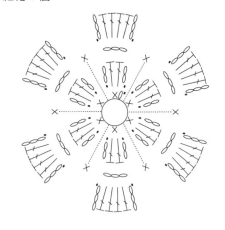

平面示意圖

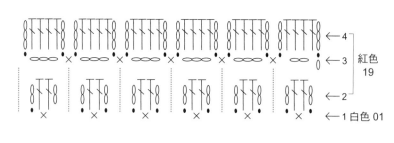

綠葉底座 1 個（綠色 21）

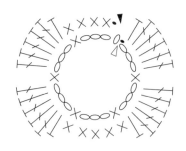

綁帶 1 個（綠色 21）

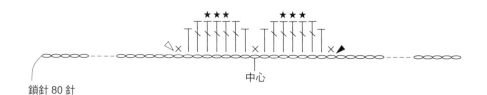

鎖針 80 針

中心

4 迷你玩偶 P.09

線材 EX991 米白色（02）20g・991 粉紅（04）・黑（28）各
少許・小花毛毛粉色（51）少許

工具 4/0 號鉤針

棉花 少許

配件 0.8 公分鈕釦 1 個

作法

從腳開始到身體為一體成型鉤織。輪狀起針鉤織 2 個相同的腳，
其中一個鉤至第 6 段剪線，另一個則繼續鉤織身體。在兩隻腳上
挑針，將兩個圓形結合成一個大圓形（如圖示），完成身體。
輪狀起針，分別鉤織頭、手、尾巴，鎖針起針鉤織耳朵，除指定
以外皆塞入棉花，再依序縫合即完成。

身體&腳

部位	段	針數	加減針	織法
身體 1 個	14	12	－6 針	X∧
	7～13	18	在雙腳上挑針合併成 1 個身體	
腳 2 個	3～6	9	不加減	
	2	9	＋3 針	XV
	1	6	輪狀起針	

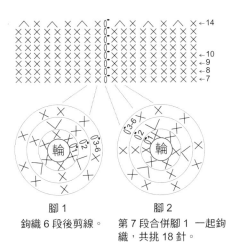

腳 1
鉤織 6 段後剪線。

腳 2
第 7 段合併腳 1 一起鉤
織，共挑 18 針。

尾巴 1 個

耳 2 個

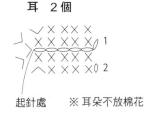

起針處 ※ 耳朵不放棉花

頭 1 個

段	針數	加減針	織法
8	12	－6 針	X∧
4～7	18	不加減	
3	18	＋6 針	XV
2	12	＋6 針	V
1	6	輪狀起針	

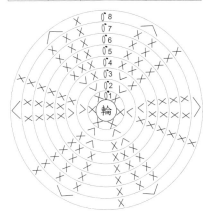

手 2 個

段	針數	加減針
2～5	6	不加減
1	6	輪狀起針

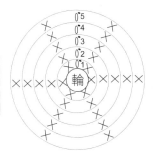

迷你玩偶的小衣服 1 個（EX991 粉紅 04）

鎖針起針 20 針，再鉤 5 鎖針作成釦環。依織圖在鎖針上挑針，
不加減針鉤織短針與長針共四段，剪線。再以小花毛毛鉤織領口
與下襬。

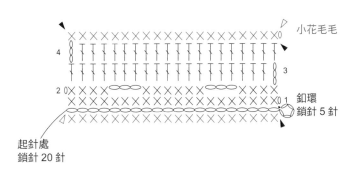

小花毛毛

釦環
鎖針 5 針

起針處
鎖針 20 針

5 波浪鼓 P.10

線材 貝碧嘉米黃（35）·淺駝（36）各少許

工具 5/0 號鉤針

棉花 少許

配件 珠珠 2 顆

作法

輪狀起針，分別依織圖鉤織波浪鼓面與棍子，塞入棉花後依序縫合。再鉤 20 針雙鎖針，一端先穿入 1 顆珠珠固定，接著將線繩穿過波浪鼓中心點，再於另一端穿入珠珠，固定後收線即可。

波浪鼓面 2 片

鉤織兩片波浪鼓面，一片鉤至第 5 段，另一片鉤至第 7 段，兩片縫合途中塞入棉花。

段	針數	加減針	織法	配色
6～7	30	不加減		淺駝 36
5	30	＋6 針	XXXV	
4	24	＋6 針	XXV	米黃 35
3	18	＋6 針	XV	
2	12	＋6 針	V	
1	6	輪狀起針		

棍子 2 個（淺駝 36）

鉤織兩個波浪鼓的棍子，一個 2 段、一個 10 段。塞入棉花後，分別縫於波浪鼓上、下方。

段	針數	加減針
2～10	6	不加減
1	6	輪狀起針

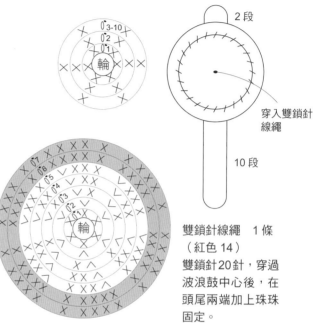

2 段

穿入雙鎖針線繩

10 段

雙鎖針線繩 1 條（紅色 14）
雙鎖針20針，穿過波浪鼓中心後，在頭尾兩端加上珠珠固定。

6 基本款圍兜 P.10

線材 藍色 EX991 藍（11）約 10g 左右

　　 綠色 EX991 白（21）、草綠（20）共約 10g 左右

工具 4/0 號鉤針

作法

鎖針起針 100 針後剪線，找出中心點之後，往左右各算 9 針（可加上記號圈標示）。依織圖在指定位置接線，1、2 段不加減針鉤 18 針短針，第 3 段開始左右兩側都各減 1 針，一直減至第 8 段剩 6 針，剪線。接著換配色線鉤織緣編，在圍兜的起針處接線，沿外圍挑 22 針來回鉤織 2 段，第 3 段鉤織長針的花樣。

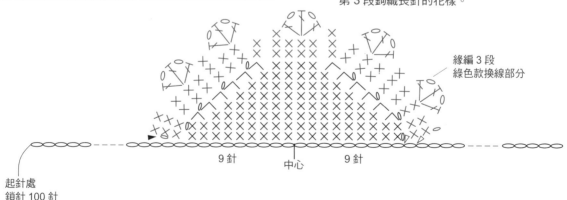

緣編 3 段
綠色款換線部分

9針　　　中心　　　9針

起針處
鎖針 100 針

兔妞〈中＆長腿〉 P.28・P.29

線材 EASY 米白（01）150g，EX991 黑（28）・粉紅（04）各少許

工具 8/0 號鉤針・毛線針（粗）

棉花 80g～100g

配件 直徑 1.5 公分鈕釦一對

作法

從腳開始到身體為一體成型鉤織。鎖針起針，依織圖鉤織 2 個相同的腳，其中一個鉤至第 12 段剪線（長腿鉤至 20 段），另一個則繼續鉤織身體。身體的第 1 段是將雙腳合併，無論長短腿皆鉤織 18 段。

輪狀起針，分別鉤織頭、手、尾巴、耳朵，除指定以外皆塞入棉花，再依序縫合。縫合頭部時要先與身體對好位置再進行；手的位置對齊腳跟前面一些。手部棉花放八分滿，壓平縫合。耳朵則是先壓平對摺，縫合固定後，再接縫於頭上。最後縫上鈕釦眼睛與鼻頭即完成。

頭（短・長共通） 1 個

段	針數	加減針	織法
22	5	－ 5 針	∧
21	10	－ 5 針	X∧
20	15	－ 5 針	XX∧
19	20	－ 5 針	XXX∧
18	25	－ 5 針	XXXX∧
17	30	－ 5 針	XXXXX∧
16	35	－ 5 針	XXXXXX∧
14～15	40	不加減	
13	40	＋ 5 針	XXXXXXV
11～12	35	不加減	
10	35	＋ 5 針	XXXXXV
9	30	不加減	
8	30	＋ 5 針	XXXXV
6～7	25	不加減	
5	25	＋ 5 針	XXXV
4	20	＋ 5 針	XXV
3	15	＋ 5 針	XV
2	10	＋ 5 針	V
1	5	輪狀起針	

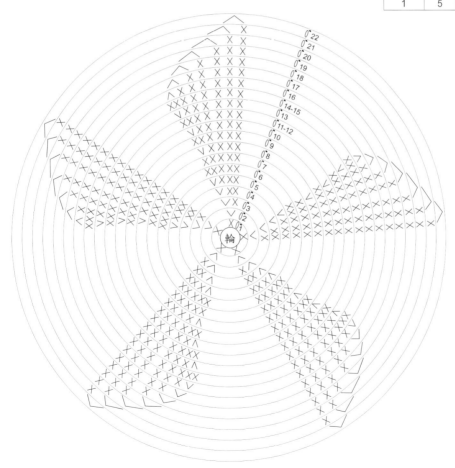

C 身體：
依織圖由內往外一圈圈鉤織，第 1 段是在合併的雙腳上挑針，詳細請見第 1 段說明圖示。

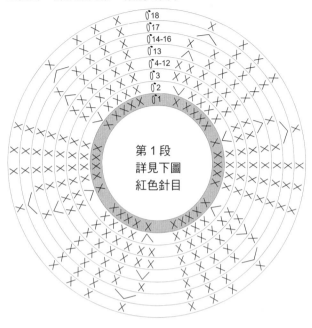

腳＋身　1組

部位	段	針數	加減針	織法
身體 1個 （長短共通）	18	24	不加減	
	17	24	－6針	XXXX∧
	14～16	30	不加減	
	13	30	－6針	XXXX∧
	3～12	36	不加減	
	2	36	＋6針	XXXXV
	1	30	合併雙腳	參照織圖
腳 2個	8～20 （長腿）	17	不加減	
	8～12 （短腿）	17	不加減	
	7	17	－3針	6·3·8 X·∧·X
	6	20	－4針	7·4·9 X·∧·X
	5	24	不加減	
	4	24	不加減	
	3	24	＋6針	
	2	18	＋6針	
	1	12	＋7針	在鎖針上挑針 鉤織短針
	起針	5	鎖針起針	

B 身體第 1 段：
如圖示將雙腳併攏，另取毛線與粗縫針縫合 4 針，在雙腳上挑針鉤織 30 針（縫合 4 針的頭尾也要挑針）。

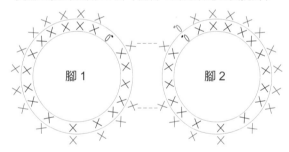

將兩隻腳併攏，挑針一圈接合完成身體的第 1 段 (紅色針目)。

A 腳 2 個：鎖針起針 5 針，在鎖針上挑針鉤織短針，成橢圓形的腳掌，第 8 段開始不加減針鉤至第 12 段（長腿鉤至 20 段）。一隻腳剪線收針，一隻稍後合併雙腳，繼續鉤織身體。

· 小 叮 嚀 ·
中型兔妞有短腿、長腿兩款，長腿兔只有腿的長度（20 段）與手的長度（17 段）不同，其他都與短腿兔一樣。

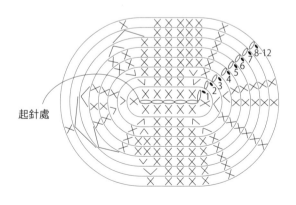

尾（短・長共通）　1個

段	針數	加減針	織法
5	6	－6針	∧
4	12	不加減	
3	12	不加減	
2	12	＋6針	V
1	6	輪狀起針	

耳（短・長共通）　2個

段	針數	加減針	織法
14	12	不加減	
13	12	－6針	X∧
4～12	18	不加減	
3	18	＋6針	XV
2	12	＋6針	V
1	6	輪狀起針	

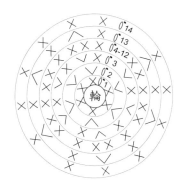

手　2個

段	針數	加減針	織法
7～17（長腿）	10	不加減	
7～13（短腿）	10	不加減	
6	10	－5針	X∧
5	15	不加減	
4	15	不加減	
3	15	＋5針	XV
2	10	＋5針	V
1	5	輪狀起針	

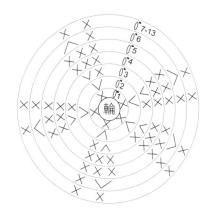

組合示意圖
頭與身體平行手的位置
是與腳跟前面一點的地
方直對齊。
步驟（照片）
耳朵最後一段，對摺後
先以線固定，再以線縫
一整圈。

熊妹〈中〉 P.28

線材	EASY 棕色（417）200g，EX991 黑（28）少許
工具	8/0 號鉤針・毛線針（粗）
棉花	150g
配件	直徑 1.5 公分鈕釦一對

作法

從腳開始到身體為一體成型鉤織。鎖針起針，依織圖鉤織 2 個相同的腳，其中一個鉤至第 12 段剪線，另一個則繼續鉤織身體。身體的第 1 段是將雙腳合併，再挑針鉤織 20 段。

輪狀起針，分別鉤織頭、手、耳朵、尾巴，全部完成之後再縫合，耳朵塞一點棉花，手部棉花放八分滿，壓平後再縫合。最後縫上鈕釦眼睛與鼻頭即完成。

頭　1 個

段	針數	加減針	織法
17	24	－ 6 針	XXX∧
16	30	－ 6 針	XXXX∧
15	36	－ 6 針	XXXXX∧
8～14	42	不加減	
7	42	＋ 6 針	XXXXXV
6	36	＋ 6 針	XXXXV
5	30	＋ 6 針	XXXV
4	24	＋ 6 針	XXV
3	18	＋ 6 針	XV
2	12	＋ 6 針	V
1	6	輪狀起針	

耳　2 個

段	針數	加減針	織法
5～7	24	不加減	
4	24	＋ 6 針	XXV
3	18	＋ 6 針	XV
2	12	＋ 6 針	V
1	6	輪狀起針	

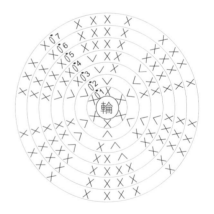

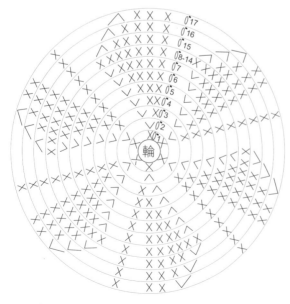

腳＋身　1 組

部位	段	針數	加減針	織法
身體 1 個	20	24	不加減	
	19	24	－ 6 針	XXX∧
	16 ～ 18	30	不加減	
	15	30	－ 6 針	XXXX∧
	12 ～ 14	36	不加減	
	11	36	－ 6 針	XXXXX∧
	4 ～ 10	42	不加減	
	3	42	＋ 6 針	XXXXXV
	2	36	＋ 6 針	XXXXV
	1	30	合併雙腳	參照織圖
腳 2 個	8 ～ 12	17	不加減	
	7	17	－ 3 針	6・3・8 X・∧・X
	6	20	－ 4 針	7・4・9 X・∧・X
	4 ～ 5	24	不加減	
	3	24	＋ 6 針	
	2	18	＋ 6 針	
	1	12	＋ 7 針	在鎖針上挑針 鉤織短針
	起針	5	鎖針起針	

C 身體：
依織圖由內往外一圈圈鉤織，第 1 段是在合併的雙腳
上挑針，詳細請見第 1 段說明圖示。

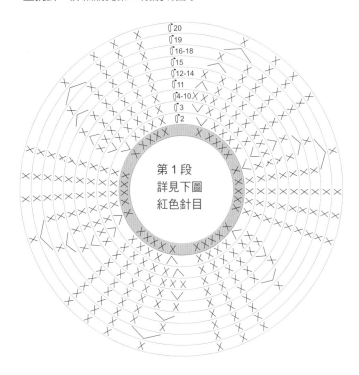

B 身體第 1 段：
如圖示將雙腳併攏，另取毛線與粗縫針縫合
4 針，在雙腳上挑針鉤織 30 針（縫合 4 針
的頭尾也要挑針）。

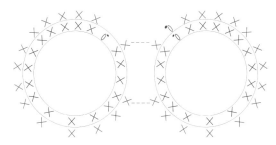

將兩隻腳併攏，挑針一圈接合完成身體
的第 1 段 (紅色針目)。

A 腳 2 個：鎖針起針 5 針，在鎖針上挑針鉤織
短針，成橢圓形的腳掌，第 8 段開始不加減
針鉤至第 12 段。
一隻腳剪線收針，一隻稍後合併雙腳，繼續
鉤織身體。

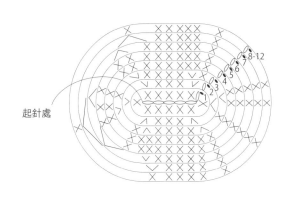

鼻 1個

段	針數	加減針	織法
5	25	＋5針	XXXV
4	20	＋5針	XXV
3	15	＋5針	XV
2	10	＋5針	V
1	5	輪狀起針	

手 2個

段	針數	加減針	織法
7～14	12	不加減	
6	12	－6針	XΛ
4～5	18	不加減	
3	18	＋6針	XV
2	12	＋6針	V
1	6	輪狀起針	

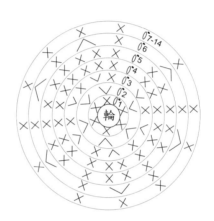

尾 1個

段	針數	加減針	織法
6	6	－6針	Λ
5	12	－6針	XΛ
4	18	不加減	
3	18	＋6針	XV
2	12	＋6針	V
1	6	輪狀起針	

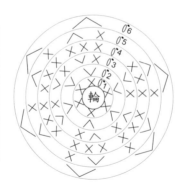

7 領片 8 帽子 9 領帶 P.12

線材 領片：貝碧嘉白色（01）約 5g

　　　　帽子＆領帶：紅（14）・橘（55）・綠（25）各約 5g

工具 5/0 號鉤針

配件 領帶用別針 3 個・領片用直徑 1 公分鈕釦 1 個

作法

段	針數	加減針	織法
11	42	＋6 針	XXXXXV
10	36	＋6 針	XXXXV
9	30	＋6 針	XXXV
6～8	24	不加減	
5	24	不加減	畝針
4	24	＋6 針	XXV
3	18	＋6 針	XV
2	12	＋6 針	V
1	6	輪狀起針	

帽子　1 個

7 領片

鎖針起針 50 針，再鉤 6 針短針作出釦環。接著以往復編鉤織 2 段短針，第 3 段與第 4 段兩側皆鉤織中長針。

起針處
鎖針 50 針

釦環
鎖針 6 針

8 帽子

輪狀起針鉤織短針，第 5 段鉤織畝針（X），作出帽頂輪廓。另外鉤織 60 針鎖針的線繩，綁在帽上作為裝飾。

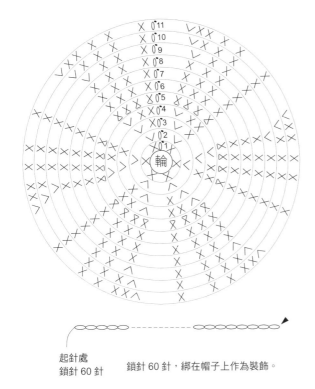

起針處
鎖針 60 針

鎖針 60 針，綁在帽子上作為裝飾。

9 領帶

顏色隨意，因用線不多，可使用剩餘的線。鎖針起針 4 針，以往復編鉤織短針，第 7 段鉤短針的畝針（X），作出領結與領帶的區隔。在領結背面縫上一個別針即可。

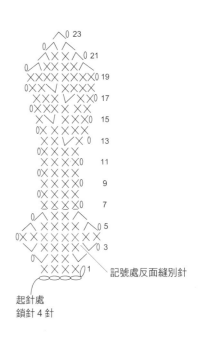

記號處反面縫別針

起針處
鎖針 4 針

10 浪漫圍裙洋裝 P.14

線材 EX991 粉紅色（04）約 60g，維多莉亞夏紗白色（01）20g

工具 4/0 號鉤針

配件 直徑 1.5 公分鈕釦 2 顆（白、粉各 1）

白色荷葉邊圍裙

鎖針起針 150 針剪線，找出中心點之後，往左右各算 9 針（可加上記號圈標示）。依織圖在指定位置接線，1、2 段不加減針鉤 18 針短針，第 3 段開始改鉤 3 段長針，最後鉤一條鎖針繞過脖子到前面，與左上角的釦子接合即可。

接著鉤織裙子。同樣以中心為準，在起針段鎖針的另一側挑 69 針短針，再鉤織 5 段長針的花樣。最後依織圖接線，在圍裙衣身左右兩側與上方鉤織荷葉邊。

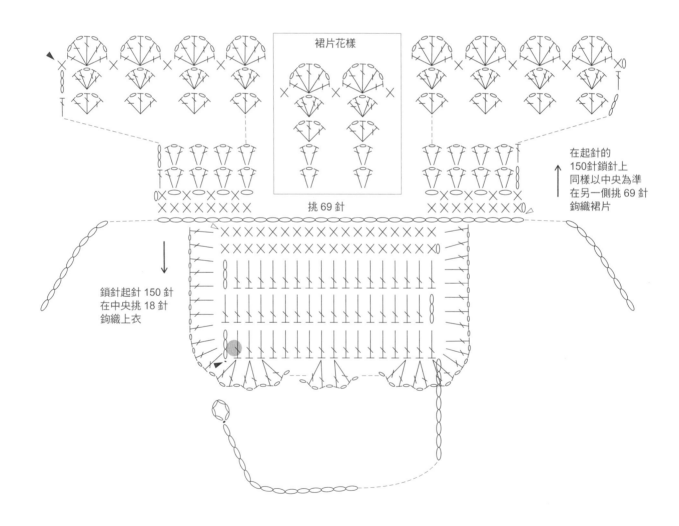

裙片花樣

挑 69 針

在起針的
150 針鎖針上
同樣以中央為準
在另一側挑 69 針
鉤織裙片

鎖針起針 150 針
在中央挑 18 針
鉤織上衣

粉紅洋裝

從腰際開始先往肩部鉤織，鎖針起針 55 針，不加減針鉤織至第 8 段。第 9 段開始依織圖分前肩檔（左、右）與後肩檔鉤織，完成後以捲針挑合肩線（★、☆記號處）。

在腰際起針上段鎖針挑針，往下鉤織裙子。第 1 段鉤 55 針短針，第 2 段加 10 針，第 3 段開始鉤織 4 針 1 組的長針花樣（見織圖）。

分別沿袖口挑 32 針、領口挑 40 針，依織圖鉤織 2 段的緣編。最後在後領縫上鈕釦即完成。

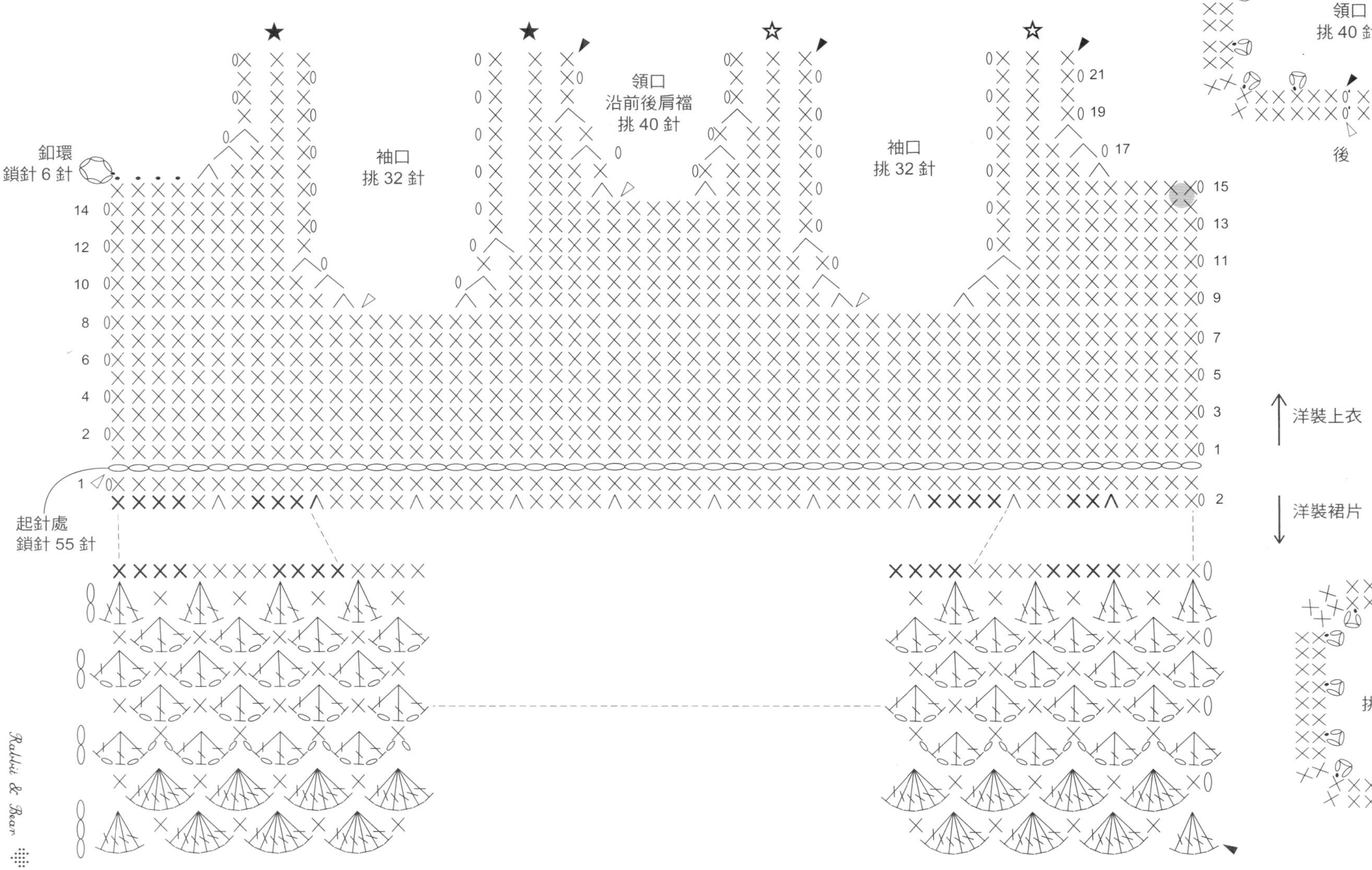

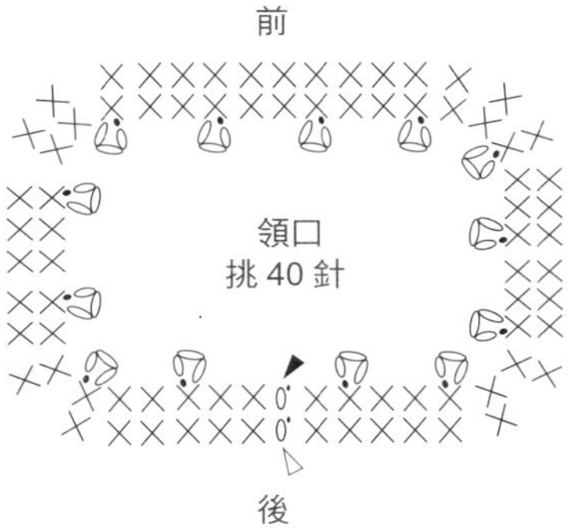

前

領口
挑 40 針

後

洋裝上衣

洋裝裙片

肩

袖口
挑 32 針

15
13
11
9
7
5
3
1

21
19
17

☆

☆

★

袖口
挑 32 針

沿前後肩檔
挑 40 針

領口
挑 40 針

★

袖口
挑 32 針

★

鈕環

鎖針 6 針

14
12
10
8
6
4
2

釦環

起針處
鎖針 55 針

Rabbit & Bear   75

11 活力橘條紋套裝（長腿兔）P.16

線材　EX991 白（01）20g．橘（09）100g

工具　4/0 號鉤針

配件　小別針

作法

橘白直條紋褲

鎖針起針 60 針，頭尾連接成圈，引拔接合處為背面。依織圖以輪編進行，鉤織 8 段短針與鎖針。第 9 段開始，以往復編鉤織至第 17 段，且不鉤引拔針，預留背面的尾巴洞口。第 18 段要鉤引拔，再次連結成圓形。接著鉤織 6 針鎖針，找出正面的中心點（第 30 針），鉤引拔固定鎖針繩，作出 2 個褲管的圓形，然後開始鉤織 2 段短針為褲管。由於 60 針一分為二＝30 針，再加上 6 針鎖針，所以一邊褲管會有 36 針。先鉤織一邊的褲管與緣編，完成後剪線。接著在另一個褲管接線，同樣鉤織 36 針 2 段的短針與緣編。

橘白條紋褲　1 個

（EX991 白 01、橘 09／配色方式請見織圖）

段	針數	加減針	織法
褲管第 2 段	36	不加減針	分別鉤織 2 段
褲管第 1 段	36	＋6 鎖針	分成 2 個褲管
18	60	不加減	鉤引拔 連接成圈
9～17	60	不加減	短針＋鎖針 往復編．不鉤引拔
1～8	60	不加減	短針＋鎖針 輪編
起針	60	鎖針起針	頭尾連接成圈

第 19 段褲管織法

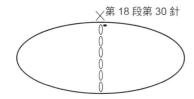

第 18 段第 30 針

・小 叮 嚀・

以這種方法鉤織褲子非常簡單，但是中間連結的鎖針針數需視情況而定，小一點的 2、3 針即可，大的會需要到 10 針左右。

第 20 段褲管緣編

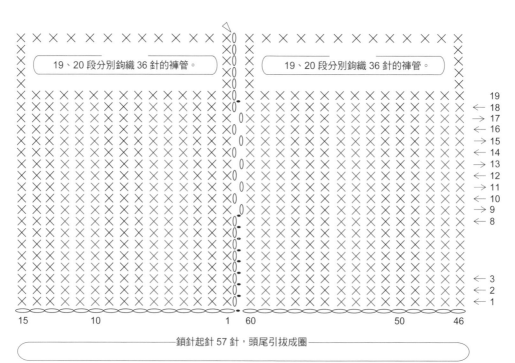

19、20 段分別鉤織 36 針的褲管。　　19、20 段分別鉤織 36 針的褲管。

鎖針起針 57 針，頭尾引拔成圈

橘色波浪背心

從領口開始往下襬鉤織，鎖針起針 60 針，第 2 段以鎖針作出袖口，同時減 10 針。第 5 段開始依織圖加針，每段加 10 針至第 13 段為止。最後的第 16 段為 3 長針 + 2 鎖針的緣編花樣。若想讓衣服長一些，原本只有 2 段不加減的短針（第 3～4 段），可再加鉤 2、3 段。

橘色波浪背心 1 個（EX991 橘 09）

段	針數	加減針		編法
		3 長針 + 2 鎖針的花樣		
16 緣編				
14～15	140	不加減		
13	140	+ 10 針	XXXXXXXXXXV	
12	130	+ 10 針	XXXXXXXXXXV	
11	120	+ 10 針	XXXXXXXXXV	
10	110	+ 10 針	XXXXXXXXV	
9	100	+ 10 針	XXXXXXXV	
8	90	+ 10 針	XXXXXXV	
7	80	+ 10 針	XXXXXV	
6	70	+ 10 針	XXXXV	
5	60	+ 10 針	XXXV	
3～4	50	不加減	X	
2	50	− 10 針		短針＋鎖針
1	60	不加減		短針
起針	60	鎖針起針		頭尾連接成圈

蝴蝶結

1. 鎖針起針 20 針，以橘白配色不加減金鉤織 22 段後，縫合起針十段與收針段，以反兩側邊。
2. 鎖針起針 3 針，以往復編鉤織 10～12 段。
3. 將步驟 1 抓出縐褶，再以步驟 2 纏繞中央，固定縫合。最後在蝴蝶結背面縫上小別針即完成。

蝴蝶結 1 個（EX991 白 01、橘 09 ╱配色方式請見織圖）

段	針數	加減針
1～22	20	不加減
起針	20	鎖針起針

蝴蝶結

束帶（EX991 橘 09）

鎖針起針 60 針，頭尾引拔成圈

←16 緣編

減 5 針

減 5 針

12 經典黑條紋套裝（長腿兔）P.18

線材　EX991 白（01）・黑（28）共 130g

工具　4/0 號鉤針

棉花　15g

配件　直徑 1.5 公分白色鈕釦 1 個

作法

黑白條紋褲

鎖針起針 57 針，頭尾連接成圈，引拔接合處為背面。鉤織
1 段短針後，第 2 段鉤織 2 短針＋1 鎖針的組合，作出抽
繩腰帶的穿繩孔。第 5 段開始，以往復編鉤織 6 段，且不
鉤引拔針，預留背面的尾巴洞口。第 11 段要鉤引拔，再次
連結成圓形。接著鉤 8 針鎖針，找出正面的中心點（第 29
針），鉤引拔固定鎖針繩，作出 2 個褲管的圓形。先鉤織
一邊的褲管：57 針 ÷2 －中心點＝ 28 針＋連結的 8 鎖針，
一個褲管共有 36 針，鉤織第 18 段後剪線。在另外一個褲
管接線，同樣鉤織 36 針 18 段。

第 12 段褲管織法

第 11 段第 29 針

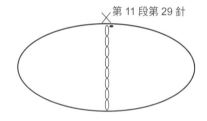

黑白條紋褲　1 個
（EX991 白 01、黑 28 ／每 2 段換色）

段	針數	加減針	織法
褲管 2 ～ 18	36	不加減針	分別鉤織 18 段
褲管第 1 段	36	＋8 鎖針	分成 2 個褲管
11	57	不加減	鉤引拔連接成圈
5 ～ 10	57	不加減	往復編不鉤引拔
3 ～ 4	57	不加減	短針
2	57	不加減	短針＋鎖針
1	57	不加減	短針
起針	57	鎖針起針	頭尾連接成圈

褲子抽繩　1 條（EX991 白 01）
鉤 120 針鎖針。

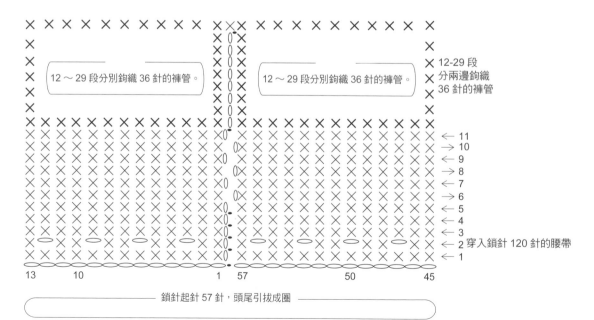

12 ～ 29 段分別鉤織 36 針的褲管。

12 ～ 29 段分別鉤織 36 針的褲管。

12-29 段
分兩邊鉤織
36 針的褲管

← 11
→ 10
← 9
→ 8
← 7
→ 6
← 5
← 4
← 3
← 2 穿入鎖針 120 針的腰帶
← 1

13　　10　　　　　1　57　　　　50　　　45

鎖針起針 57 針，頭尾引拔成圈

白色肩帶背心

領口開始往下擺鉤織，鎖針起針 50 針，再鉤 6 針短針作出釦環，
第 2 段以鎖針作出袖口，第 3 至 10 段改鉤長針＋鎖針。最後鉤
織 4 短針＋結粒針的緣編收尾，在後領縫上鈕釦即完成。

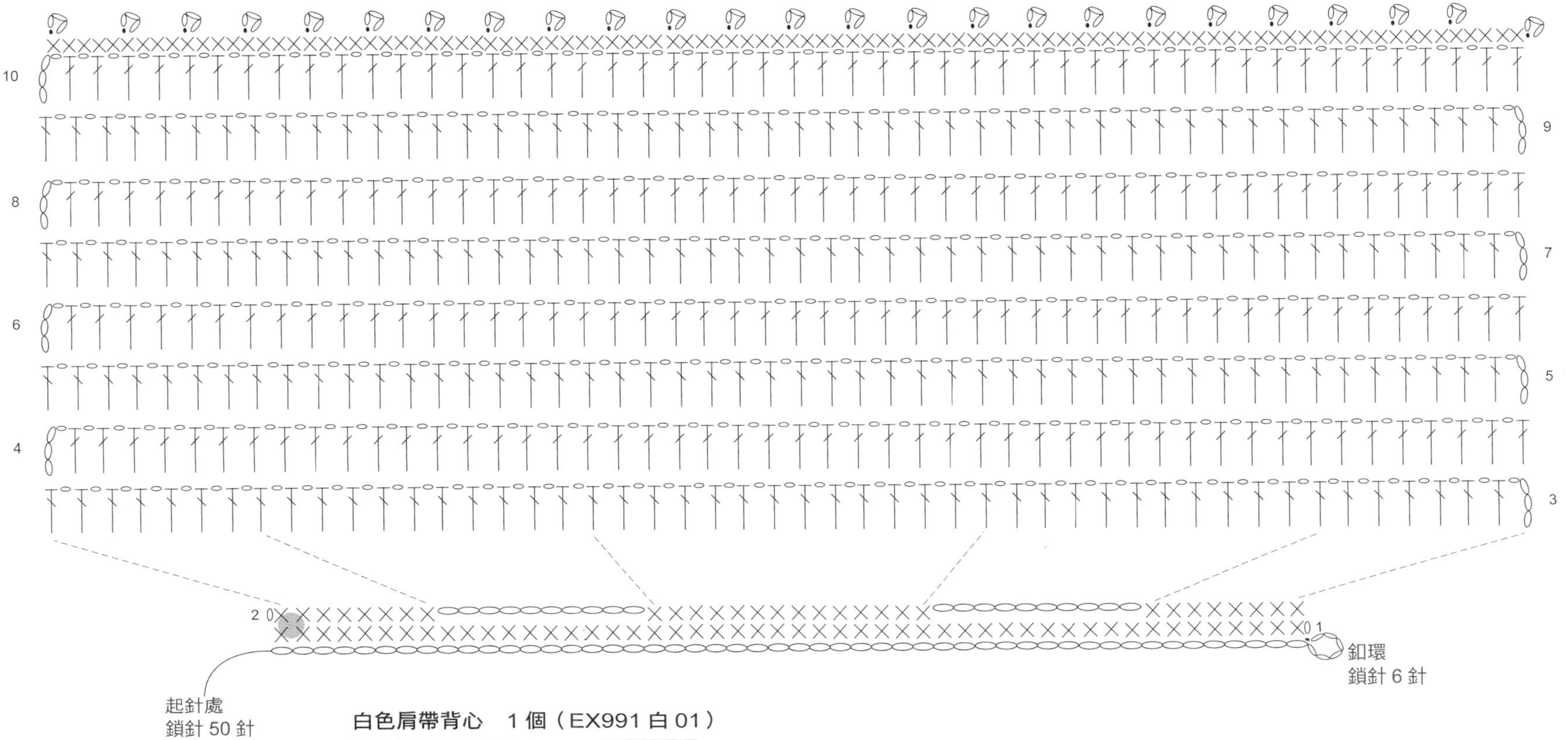

釦環
鎖針 6 針

起針處
鎖針 50 針

白色肩帶背心　1 個（EX991 白 01）

段	針數	織法
11	99	短針＋結粒針
3～10	99	長針＋鎖針
2	50	不加減 短針
1	50	不加減 短針
起針	50	鎖針起針

蝴蝶結髮帶

鎖針起針 58 針，頭尾連接成圈，鉤織 5 段短針，完成髮帶。鎖針起針，分別鉤織蝴蝶結的零件，以黑色帶子束起白色織片，作出蝴蝶結，再縫於髮帶上即可。

涼鞋　2 個

詳細織圖與作法，請見 P.81。

蝴蝶結　1 個（EX991 白 01）

鎖針起針 6 針，在鎖針上挑針鉤織短針，不加減針以往復編鉤織 15 段。

蝴蝶結束帶　1 個（EX991 黑 28）

鎖針起針 2 針，在鎖針上挑針鉤織短針，不加減針以往復編鉤織 6 段。

髮帶　1 個

鎖針起針 58 針，頭尾連接成圈，
在鎖針上挑針鉤織短針，不加減針鉤織 5 段。

段	配色
5	黑色
3～4	白色
1～2	黑色
起針	

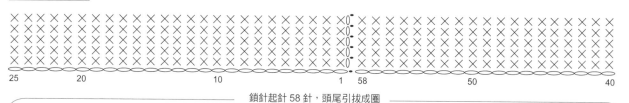

鎖針起針 58 針，頭尾引拔成圈

---

17 **極彩條紋睡衣的室內鞋** P.25

使用線材、針號等詳細資料，請見 P.86。

鎖針起針 8 針，一邊鉤短針一邊依織圖加減針。最後 1 段的緣編同睡衣，鉤織 1 段短針與 3 短針＋2 鎖針的花樣。

緣編

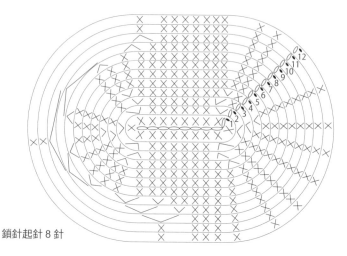

鎖針起針 8 針

13 涼鞋 P.21

線材 貝碧嘉淺褐（37）‧草綠（06）‧白色（01）‧黃色（54）
25g（全部用量）橘色（55）‧紅色（14）‧紫色（11）各
少許

工具 5/0 號鉤針

作法

一雙涼鞋要鉤織 2 片鞋底與 2 片鞋面，以及鞋面上的帶子與裝飾花
朵織片。先把帶子與花朵縫在鞋面上，固定之後再以捲針縫縫合鞋
面與鞋底，最後在鞋底與鞋面中央部分疏縫幾針，固定即可。

> **‧小 叮 嚀‧**
>
> 這款鞋子無論是兔妞還是熊妹都能
> 穿。作完基本鞋底後，鞋面的花樣可
> 隨喜好改變調整。

鞋底

段	針數	加減針
5	42	＋6 針
4	36	＋6 針
3	30	＋6 針
2	24	＋6 針
1	18	＋10 針
起針	8	鎖針起針

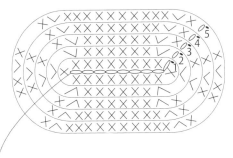

起針處
鎖針起針 6 針

鞋底縫製示意圖：
鞋底為雙層，共 4 片，兩片一
組。中央疏縫兩排（固定兩層）
外緣以捲針縫合。

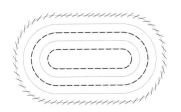

鞋帶

段	針數	加減針
2～25	3	不加減的往復編
1	3	在鎖針上挑針鉤織短針
起針	3	鎖針起針

花朵織片

白花款
白色 2 個

彩花款
綠‧黃‧紅‧白‧紫各 2 個

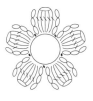

段	顏色	織法
2	白（00）	2 鎖 1 長 1 鎖 1 長 2 鎖
1	黃（00）	1 短 2 鎖（5 組）

涼鞋配色＆織片數量

	鞋底	鞋帶
黑白款	黑色 4 片	黑色‧白色各 2 條
彩花款	橘色 4 片	白色 2 條
白花款	淺褐 4 片	綠色 4 條

Rabbit & Bear 81

線材　MEI 綿綿線紅色（5405）50g，伊柔線駝色（4010）少許

工具　7/0 號鉤針

作法

連帽斗篷

從風帽與斗篷的交界處開始，往下襬鉤織。鎖針起針 110 針後剪線，找出中心點之後，往左右各算 18 針（可加上記號圈標示）。在指定位置接線，一邊依織圖加針，一邊以往復編鉤織斗篷。接著鉤織風帽，在起針段鎖針的另一側挑 36 針，不加減針往上鉤織 12 段，第 13 段依織圖鉤織鎖針，作出供耳朵穿過的開口，鉤至 16 段後將風帽兩端☆對齊疊合，縫合 11 針即完成。

短靴

成套的短靴同樣是鎖針起針，一邊鉤短針一邊依織圖加減針。最後 4 段以伊柔線鉤織滾邊即可。

短靴　2 個

段	針數	加減針	織法	配色
13～16	22	不加減		伊柔線 駝色（4010）
11～12	22	不加減		
10	22	－ 3 針	10・3・10 X・∧・X	
9	25	－ 5 針	10・5・10 X・∧・X	
8	30	－ 6 針	12・6・12 X・∧・X	
5～7	36	不加減		綿綿線 紅色（5405）
4	36	＋ 6 針		
3	30	＋ 6 針		
2	24	＋ 6 針		
1	18	＋ 10 針		
起針	8	鎖針起針		

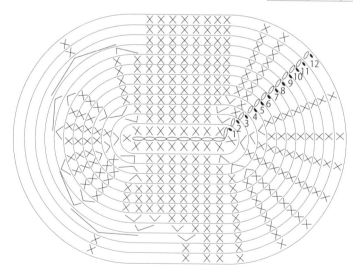

鎖針起針 8 針

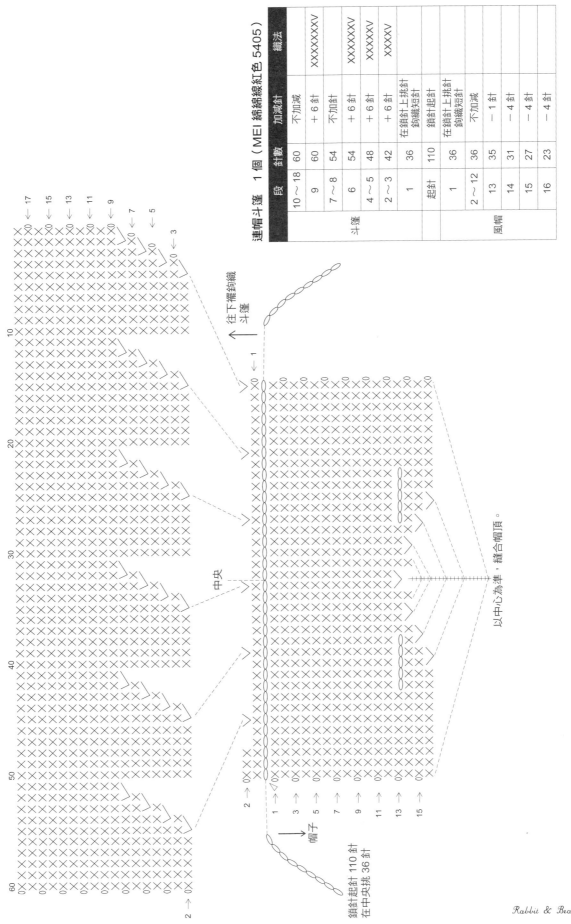

連帽斗篷　1個（MEI 綿綿線紅色 5405）

	段	針數	加減針	織法
斗篷	10～18	60	不加減	XXXXXXXV
	9	60	＋6針	XXXXXXV
	7～8	54	不加針	XXXXXXV
	6	54	＋6針	XXXXXV
	4～5	48	＋6針	XXXXXV
	2～3	42	＋6針	XXXXV
	1	36	在鎖針上挑針 鉤織短針	
風帽	起針	110	鎖針起針	
	1	36	在鎖針上挑針 鉤織短針	
	2～12	36	不加減	
	13	35	－1針	
	14	31	－4針	
	15	27	－4針	
	16	23	－4針	

往下襬鉤織
斗篷

中央

以中心為準，縫合帽頂。

帽子

鎖針起針 110 針
在中央挑 36 針

15 清新草原套裝 P.22

線材　MEI 綿綿線淺綠色（5417）60g・伊柔線杏色（4009）
　　　20g・EX991 亮綠色（20）少許（背帶）

工具　7/0 號鉤針

配件　直徑 1.5 公分鈕釦 3 個

作法

洋裝

從領口開始往裙襬鉤織。鎖針起針 40 針，鉤 6 針短針作出釦環，
第 2 段以鎖針作出袖口，加針 3 次至 60 針，鉤織至 20 段為止。
亦多鉤幾段，加長下襬至想要的長度，最後以伊柔線鉤織 2 段滾
邊。取 MEI 線，在領口起針段的鎖針另一側挑 40 針，往上鉤織
2 段，再換伊柔線鉤織 2 段滾邊，在後領縫上鈕釦即完成。

・小 叮 嚀・

MEI 綿綿線的材質比較鬆軟易斷，所
以幫玩偶更衣時需特別注意，以免斷
線。

洋裝　1 個

段	針數	加減針	配色
21 ～ 22	60	不加減	伊柔線杏色（4009）
12 ～ 20	60	不加減	綿綿線淺綠色（5417）
11	60	＋ 6 針	
9 ～ 10	54	不加減	
8	54	＋ 6 針	
6 ～ 7	48	不加減	
5	48	＋ 8 針	
3 ～ 4	40	不加減	
2	40	不加減 22 短針 ＋ 18 鎖針	
1	40	在鎖針上挑針鉤織短針	
起針	40	鎖針起針	
1	40	在鎖針上挑針鉤織短針	綿綿線淺綠色（5417）
2	40	不加減	
3	40	不加減	伊柔線杏色（4009）
4	40	不加減	

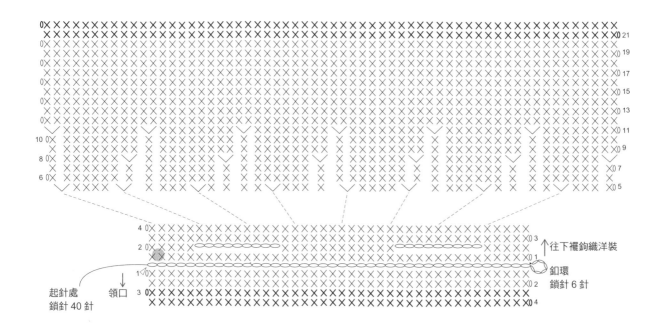

往下襬鉤織洋裝

釦環　鎖針 6 針

起針處　鎖針 40 針　　領口

短靴

成套的短靴同樣是鎖針起針，一邊鉤短針一邊依織圖加減針。最後 4 段以伊柔線鉤織滾邊，穿著時還可往外摺下，成為踝靴。

背包

輪狀起針，依織圖鉤織袋身。最終段鉤織短針與鎖針，作出穿繩孔。背帶是鉤織 110 針雙鎖針，穿入袋身最終段後，兩端從同一個孔穿出，分別縫於袋身兩側下方即可。

背包　1 個（綿綿線淺綠色 5417）

段	針數	加減針	織法
13	30	不加減 短針＋鎖針	X X ○ X X ○ X X ○
6 ～ 12	30	不加減	
5	30	＋ 6 針	XXXV
4	24	＋ 6 針	XXV
3	18	＋ 6 針	XV
2	12	＋ 6 針	V
1	6	輪狀起針	

背帶　1 個（EX991 亮綠色 20）
雙鎖針 110 針

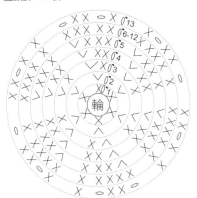

短靴　2 個

段	針數	加減針	織法	配色
13 ～ 16	22	不加減		伊柔線 杏色（4009）
11 ～ 12	22	不加減		
10	22	－ 3 針	10・3・10 X・∧・X	綿綿線 淺綠色（5417）
9	25	－ 5 針	10・5・10 X・∧・X	
8	30	－ 6 針	12・6・12 X・∧・X	
5 ～ 7	36	不加減		
4	36	＋ 6 針		
3	30	＋ 6 針		
2	24	＋ 6 針		
1	18	＋ 10 針		
起針	8	鎖針起針		

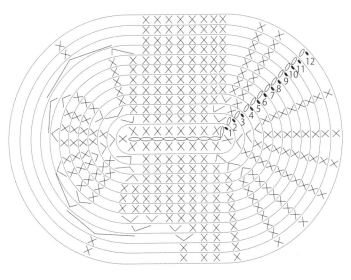

鎖針起針 8 針

16 甜蜜夢鄉睡衣 P.26 17 極彩條紋睡衣 P.27

線材 **甜蜜夢鄉**：舒伯毛線 S789 粉紅色（5）約 50g，小花毛毛
粉紅色（51）10g **極彩條紋**：貝碧嘉配色（顏色隨各人喜
好）共約 50g，EX991 白（01）・黃（54）各少許

工具 4/0 號・5/0 號鉤針

配件 直徑 1.5cm 鈕釦各 1 顆

作法

睡帽

兩款睡帽織法相同，只有緣編不同。
輪狀起針，全部以長針鉤織，第 5 段開始改以往復編鉤織，第 6
段鉤織中長針＋鎖針，預留洞口供耳朵穿過。甜蜜夢鄉第 8 段
的緣編花樣是鉤 6 長針＋1 短針。最後改以小花毛毛在花樣上
面鉤 1 段短針。極彩條紋第 8 段的緣編同睡衣，鉤織 1 段短針
與 3 短針＋2 鎖針的花樣。
另取線鉤織睡帽綁帶，鉤 30 針鎖針後，直接在帽子缺口處挑針，
鉤織 33 針短針，再鉤 30 針鎖針後剪線。

睡帽　1 個

段	針數	加減針
9	55	短針（可選用小花毛毛）
8	57	6 長針加針＋1 短針
6～7	49	不加減 含鎖針的立起針
5	49	－ 16 針 往復編
4	64	＋ 16 針
3	48	＋ 16 針
2	32	＋ 16 針
1	16	輪狀起針　長針

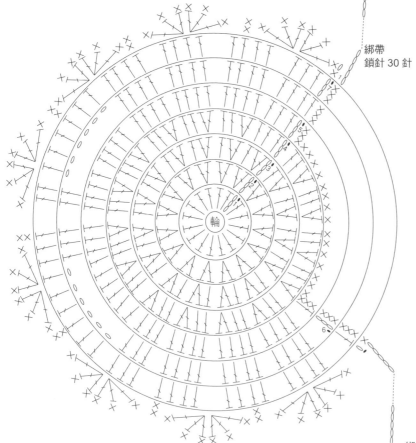

綁帶
鎖針 30 針

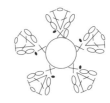

**極彩條紋
睡帽小花**

17 極彩條紋睡衣的室內鞋
作法＆織圖請見 P.80。

綁帶 起針處
鎖針 30 針

睡衣　1個

段	針數	加減針
極彩 17		3 短針十 2 鎖針
甜蜜 17	70	短針、小花毛毛
9～16	70	不加減
9	70	＋6 針
5～8	64	不加減
4	64	＋10 針
3	54	不加減短針十鎖針
2	54	不加減
1	54	在鎖針上挑針鈎織短針
起針	54	鎖針起針

睡衣

兩款睡衣織法相同，只有緣編不同。

從領口開始往下襬鈎織。鎖針起針 54 針，再鈎 6 針短針作出鈕環，第 3 段以鎖針作出袖口，之後依織圖加針，共鈎織 8 段短針、8 段長針。甜蜜夢鄉的裙襬、領口、袖口以小花毛毛線滾邊。如不使用小花毛毛，也可以直接鈎一圈短針收邊。

極彩條紋的裙襬、領口、袖口，則是鈎織 1 段 3 短針＋2 鎖針的花樣緣編。最後在後領縫上鈕釦即完成。

‧ 小　叮　嚀 ‧

如不使用小花毛毛，可改成鈎織 3 短針＋1 結粒針來收邊。

小叮嚀的緣編

極彩緣編

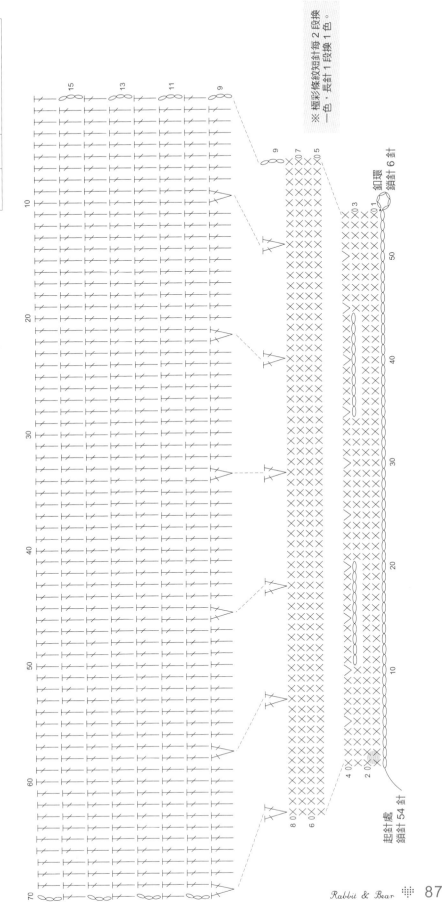

※極彩條紋大短針每 2 段換 1 色，長針 1 段換 1 色。

釦環　鎖針 6 針

起針處
鎖針 54 針

How to make

兔妞〈大〉 P.40

線材　EASY 米白色（01）300g．EASY 棕色（417）少許（鼻頭用）

工具　8/0 號鉤針

棉花　250g～300g

配件　直徑 2.5 公分黑色鈕釦一對

作法

輪狀起針，分別依織圖鉤織頭、身體、手、腳、耳朵、尾巴。在各部位塞入棉花，手的棉花放八分滿即可，耳朵不需要放棉花。接著先縫合身體與頭，再接縫腳與手。

耳朵收針段對摺，呈開口向前的倒 V 狀，縫合於頭上。別忘了還有尾巴。最後縫上鈕釦眼睛，並且繡縫一個 Y 字的鼻頭即完成。

頭　1 個

段	針數	加減針	織法
23	6	－ 6 針	∧
22	12	－ 6 針	X∧
21	18	－ 6 針	XX∧
20	24	－ 6 針	XXX∧
19	30	－ 6 針	XXXX∧
18	36	不加減	
17	36	－ 6 針	XXXXXV
13～16	42	不加減	
12	42	＋ 6 針	XXXXXV
11	36	不加減	
10	36	＋ 6 針	XXXXV
9	30	不加減	
8	30	＋ 6 針	XXXV
7	24	不加減	
6	24	＋ 6 針	XXV
5	18	不加減	
4	18	＋ 6 針	XV
3	12	不加減	
2	12	＋ 6 針	V
1	6	輪狀起針	

・小叮嚀・

兔子的眼睛不要縫得太靠近，要在頭的兩邊，且釦子要拉緊一點，這樣兔子的臉型就會比較立體。

身體 1個

段	針數	加減針	織法
30	24	－6針	XXX∧
28～29	30	不加減	
27	30	－6針	XXXX∧
25～26	36	不加減	
24	36	－6針	XXXXX∧
22～23	42	不加減	
21	42	－6針	XXXXXX∧
9～20	48	不加減	
8	48	＋6針	XXXXXXV
7	42	＋6針	XXXXXV
6	36	＋6針	XXXXV
5	30	＋6針	XXXV
4	24	＋6針	XXV
3	18	＋6針	XV
2	12	＋6針	V
1	6	輪狀起針	

耳 2個

段	針數	加減針	織法
6～18	24	不加減	
5	24	＋6針	XXV
4	18	＋6針	XV
3	12	＋3針	XXV
2	9	＋3針	XV
1	6	輪狀起針	

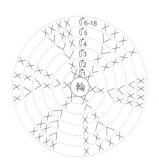

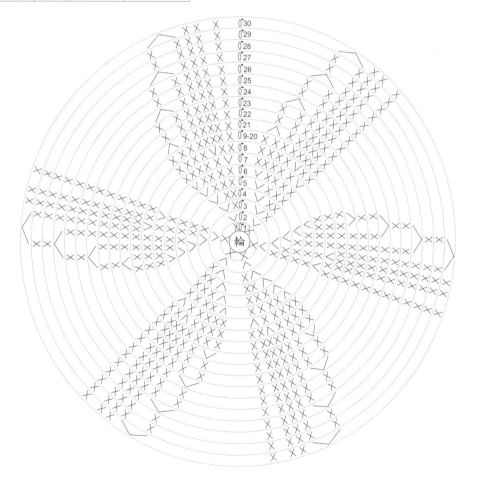

手　2個

段	針數	加減針	織法
9～22	12	不加減	
8	12	−6針	XΛ
4～7	18	不加減	
3	18	+6針	XV
2	12	+6針	V
1	6	輪狀起針	

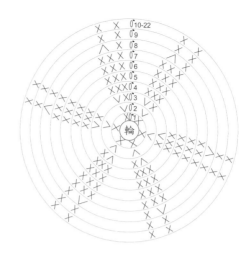

尾　1個

段	針數	加減針	織法
10	12	−6針	XΛ
6～9	18	不加減	
5	18	+3針	XXXXV
4	15	+3針	XXXV
3	12	+3針	XXV
2	9	+3針	XV
1	6	輪狀起針	

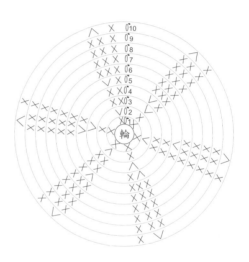

腳　2個

段	針數	加減針	織法
9～20	18	不加減	
8	18	−6針	XXΛ
5～7	24	不加減	
4	24	+6針	XXV
3	18	+6針	XV
2	12	+6針	V
1	6	輪狀起針	

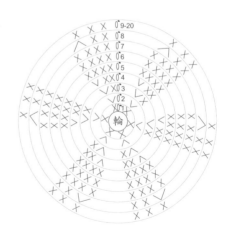

熊妹〈大〉 P.40

線材　EASY 棕色（417）300g，EX991 黑色（28）少許（鼻
　　　頭用）

工具　8/0 號鉤針

棉花　250g ～ 300g

配件　直徑 2.5 公分黑色鈕釦一對

作法

輪狀起針，分別依織圖鉤織頭、身體、手、腳、耳朵、尾巴。
視需求在各部位塞入棉花，耳朵塞一點棉花即可。接著先縫合
身體與頭，再接縫腳與手，縫合腳部時，可自行選擇要坐姿或
者站姿。
接著縫合手、耳朵、鼻子與尾巴，全部縫好再以黑線繡上鼻頭、
縫上鈕釦眼睛即完成。

> **• 小 叮 嚀 •**
>
> 手的棉花只要塞八分滿即可，如果要
> 站姿，腿部的棉花要塞滿，若是坐姿
> 則只要塞六、七分滿，好讓腿可以摺
> 起來。

耳　2個

段	針數	加減針	織法
6 ～ 9	30	不加減	
5	30	＋6針	XXXV
4	24	＋6針	XXV
3	18	＋6針	XV
2	12	＋6針	V
1	6	輪狀起針	

頭　1個

段	針數	加減針	織法
19	24	－6針	XXXΛ
18	30	－6針	XXXXΛ
17	36	－6針	XXXXXΛ
8 ～ 16	42	不加減	
7	42	＋6針	XXXXXV
6	36	＋6針	XXXXV
5	30	＋6針	XXXV
4	24	＋6針	XXV
3	18	＋6針	XV
2	12	＋6針	V
1	6	輪狀起針	

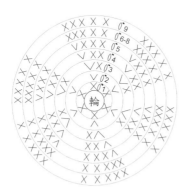

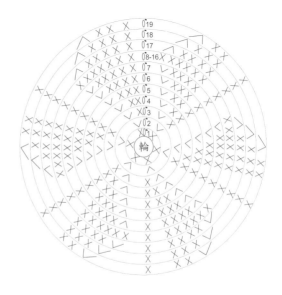

身體　1個

段	針數	加減針	織法
30	24	－6針	XXX∧
28～29	30	不加減	
27	30	－6針	XXXX∧
25～26	36	不加減	
24	36	－6針	XXXXX∧
22～23	42	不加減	
21	42	－6針	XXXXXX∧
9～20	48	不加減	
8	48	＋6針	XXXXXXV
7	42	＋6針	XXXXXV
6	36	＋6針	XXXXV
5	30	＋6針	XXXV
4	24	＋6針	XXV
3	18	＋6針	XV
2	12	＋6針	V
1	6	輪狀起針	

鼻　1個

段	針數	加減針	織法
5	25	＋5針	XXXV
4	20	＋5針	XXV
3	15	＋5針	XV
2	10	＋5針	V
1	5	輪狀起針	

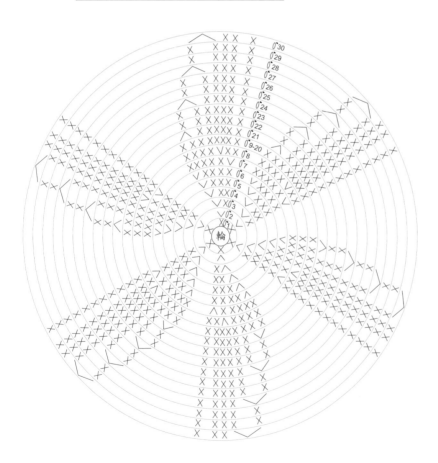

脚　2個

段	針數	加減針	織法
9～16	18	不加減	
8	18	－6針	XXΛ
5～7	24	不加減	
4	24	＋6針	XXV
3	18	＋6針	XV
2	12	＋6針	V
1	6	輪狀起針	

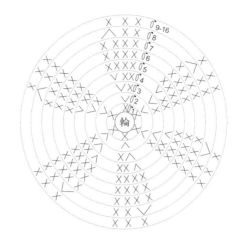

手　2個

段	針數	加減針	織法
9～22	12	不加減	
8	12	－6針	XΛ
4～7	18	不加減	
3	18	＋6針	XV
2	12	＋6針	V
1	6	輪狀起針	

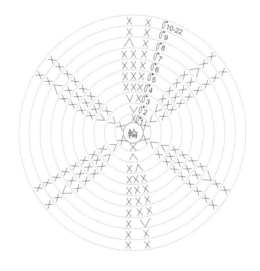

尾　1個

段	針數	加減針	織法
7	9	－9針	Λ
4～6	18	不加減	
3	18	＋6針	XV
2	12	＋6針	V
1	6	輪狀起針	

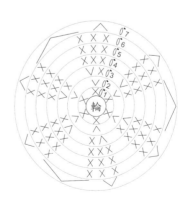

18 多彩洋裝 P.30

線材　貝碧嘉線 80g（黃 54・綠 25・藍 08・黑 18・粉 30）

工具　5/0 號鉤針、毛線縫針

配件　直徑 1.5 公分鈕釦 1 顆

作法

從領口開始，以往復編朝下襬鉤織整件洋裝。鎖針起針 68 針，再鉤 6 鎖針作出釦環，第 2 段以鎖針作出袖口，同時減 8 針。在第 3、5、7、11、15 段依織圖加針，鉤織至第 30 段為止。織完後留 20cm 左右的線長，從裙襬往上縫，縫到尾巴的位置要先打結、剪線，留出尾巴的高度後，再從上端接線，繼續縫合至距離後領口 5cm 處，縫上鈕釦即可。可隨個人喜好，在洋裝上繡縫圖案，或加上各種裝飾。

黑色洋裝裝飾

從花盆口袋開始鉤織，鎖針起針 8 針，以往復編鉤織 7 段短針後，剪線。將花盆織片縫於裙片下襬處，僅縫左、右與下方，形成口袋。

在口袋內側接綠色線，在裙片上斜斜的鉤 8 針引拔針，作為花莖。

依織圖鉤織二片葉子與一片花朵，完成後如圖示縫於裙片上。

黃色洋裝裝飾

在選定的位置上，以淺紫色線進行十字繡。再取綠色線，繡縫葉子狀的雛菊繡。最後依織圖鉤一朵小花，縫在指定位置上。

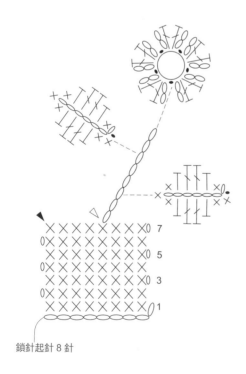

鎖針起針 8 針

● ＝花朵織片（白色）

◯ ＝雛菊繡（綠色）

✕ ＝十字繡（淺紫色）

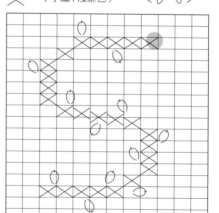

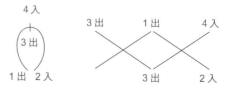

洋裝　1件

段	針數	加減針
16～30	90	不加減
15	90	＋6針
12～14	84	不加減
11	84	＋6針
8～10	78	不加減
7	78	＋6針

段	針數	加減針
6	72	不加減
5	72	＋6針
4	66	不加減
3	66	＋6針
2	60	－8針
1	68	不加減
起針	68＋6	鎖針起針＋6鎖針釦環

●小叮嚀●

1. 如果領口想要低一點，起針的鎖針可多加一些，第3段針數不變就可以了。

2. 從第16段開始，不加減針一直鉤織至第30段，如果想要裙襬長一點或短一些，可依狀況自行增刪。

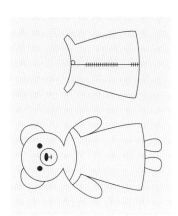

↑往下襬鉤織洋裝

釦環
鎖針＋6針

減4針

減4針

起針處
鎖針68針

起針處
鎖針起針＋6鎖針釦環

20 亮彩拼接燈籠裝 P.34

線材　貝碧嘉寶藍色（2209）100g・配色 7 色（11,06,14,
　　　28, 29,55,54，可隨個人喜好配色）各 20g

工具　5/0 號鉤針

配件　5 公分別針一個、直徑 1.5 公分鈕釦 1 顆

作法

燈籠裝

鎖針起針 71 針，依織圖從領口往下襬鉤織，一邊加針一
邊鉤至大腿處，最終段全部鉤 3 短針併針，作出抽褶。
在前領口中心點左右各距離 3 針處鉤織肩帶，依織圖在指
定位置接線，挑 6 針鉤織 24 段，再縫於後衣身。
依織圖鉤織 2 段的花樣織片，以捲針縫將 6 至 7 片織片接
合成圈。沿下襬縫合織片即可。

配件・小花髮飾
作法＆織圖請見 P.101。

裙擺織片拼縫方式

※ 鉤織 2 段的花樣織片 6 或 7 個，依上衣
與織片的寬度，來決定使用 6 或 7 片織片。

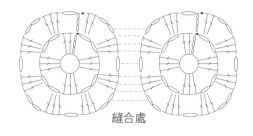

縫合處

燈籠洋裝　1 件

段	針數	加減針	織法
15	32	− 63 針	全部鉤 3 短針併針
14	95	不加減	短針
8 ～ 13	95	不加減	長針
7	95	＋ 6 針	每 13 針＋ 1 針
6	89	＋ 6 針	每 12 針＋ 1 針
5	83	＋ 6 針	每 11 針＋ 1 針
4	77	＋ 6 針	每 10 針＋ 1 針
3	71	不加減	長針
1 ～ 2	71	不加減	短針
起針	71	鎖針起針	頭尾連接成圈

小背包

鉤織兩片 3 段的織片，作為小背包的袋
身。兩織片背面相對，以短針接合三邊
後，從 ☆ 處鉤織一段鎖針（約 50 針，可
依需求加減），在另一側鉤引拔固定。
接著在鎖針上挑針，往回鉤織短針即完
成。

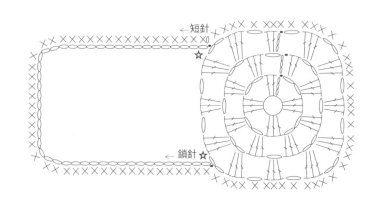

←短針

←鎖針 ☆

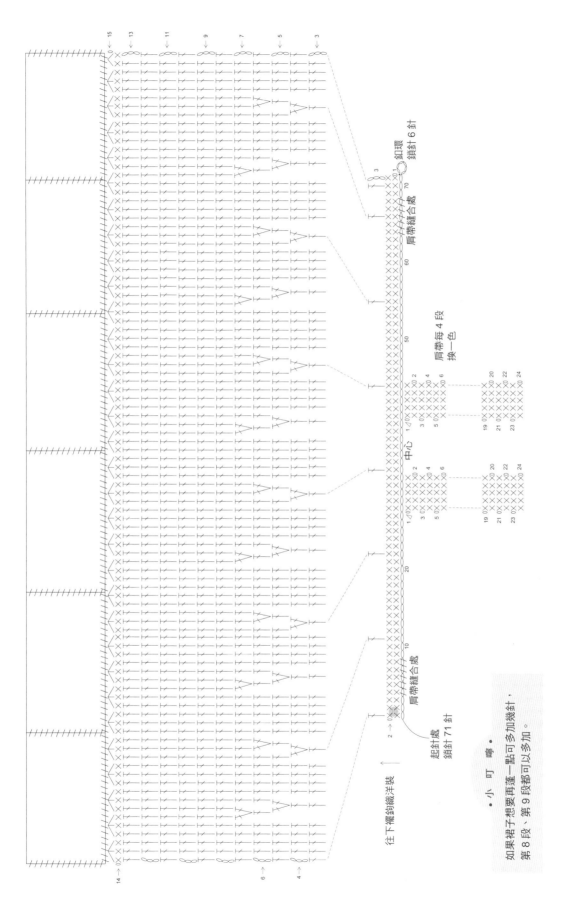

往下襬鉤織洋裝

起針處
鎖針 71 針

肩帶縫合處

肩帶縫合處

釦環
鎖針 6 針

肩帶每 4 段
換一色

中心

● 小　叮　嚀 ●

如果裙子想要再蓬一點可多加幾針，
第 8 段、第 9 段都可以多加。

21 套頭上衣 P.32

線材　Cedifrd 佛瑞塔灰褐色（9004）100g

工具　5/0 號鉤針

棉花　250g ～ 300g

配件　直徑 1.2 公分鈕釦 4 顆

作法

鎖針起針 100 針，頭尾引拔連接成環，從下襬開始鉤織。第 1 段鉤
織短針，第 2、3、4 段鉤織畝針（僅挑 1 條線鉤織），第 5 至 10
段鉤織短針，在第 11 段減 10 針，平均 8 針減 1 次。

完成第 20 段之後剪線，接下來分別接線鉤織右前肩襠、左前肩襠、
後肩襠。從起針處往回算，在第 51 針接線，開始鉤織前領口右邊
的右前肩襠，一邊注意減針，一邊鉤織 16 段，最後剩 7 針，留 15
公分左右的線頭備用。接著參照織圖，以相同方式鉤織另一側的左
前肩襠。

接下來，從前領口中心點算 27 針，接線鉤織 36 針往復編的後肩襠，
第 13 段開始收領口。注意織圖上的減針與接線。最後接線鉤織後
領口左側。

依織圖接線，鉤織袖口，在前後肩襠挑 39 針，以往復編鉤織 3 段，
注意有 2 併針與 3 併針的減針記號。

併縫肩線，以預留線頭分別縫合記號★與★，☆ 與☆。沿袖口邊
緣上，以縫合的肩線為中心點，左右各挑兩針（共五針），鉤織 5
段後，將織片翻至肩上，縫一顆鈕釦固定。

沿領口挑 55 針，以往復編鉤織 5 段的領子。

領子織法

依織圖接線，從左前往後領，逆時針挑 55 針至前領
中心點，左領 15 針、後領 25 針、右領 15 針，以往
復編鉤織，第 1、2 段不加減針。

第 3 段加 10 針至 65 針，加針位置請參照織圖。
第 4 段加 10 針至 75 針，加針位置請參照織圖。
第 5 段 75 針（在前襟縫兩個鈕釦）

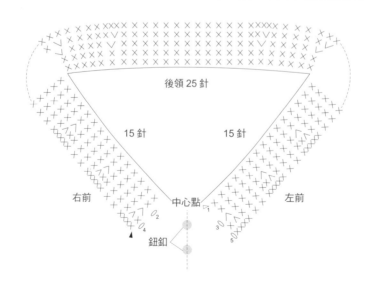

套頭上衣織圖

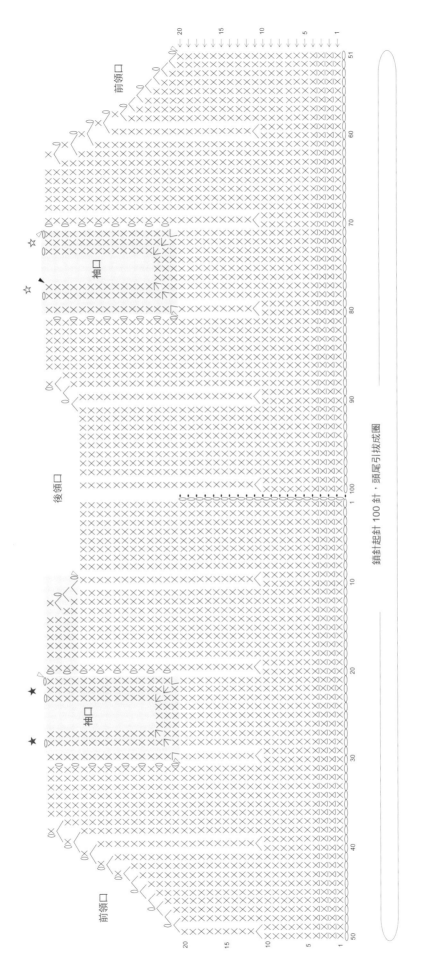

前領口
後領口
前領口
袖口
袖口

鎖針起針 100 針，頭尾引拔成圈

線材　愛情花點線 S007 酒紅色（03）50g，Cedifrd 佛瑞塔灰褐色（9004）5g

工具　6/0 號鉤針

作法

鎖針起針 71 針，頭尾連接成圈，引拔接合處為背面。依織圖以輪編進行，鉤織 10
段短針。第 11 段開始，以往復編鉤織至第 14 段，且不鉤引拔針，差不多 4 ～ 6
段再連結成圓，預留背面的尾巴洞口，如此尾巴便可以放在褲子的外面。第 15 段
要鉤引拔，再次連結成圓形。

接著鉤織 8 針鎖針，找出正面的中心點（第 36 針），鉤引拔固定鎖針繩，將這 71
針分為兩個褲管。一個褲管共有 35 ＋ 8 ＝ 43 針，鉤織 5 段，可自由配色。先鉤
織右腳的褲管，完成後剪線。接著在另一個褲管接線，同樣鉤織 43 針 5 段。

短褲　1 個

段	針數	加減針	織法
褲管 2 ～ 5 段	43	不加減針	分別鉤織 5 段
褲管第 1 段	43	＋ 8 鎖針	分成 2 個褲管
15	71	不加減	鉤引拔·連接成圈
11 ～ 14	71	不加減	往復編·不鉤引拔
1 ～ 10	71	不加減	輪編
起針	71	鎖針起針	頭尾連接成圈

第 16 段褲管織法

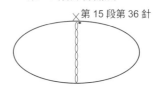

第 15 段第 36 針

· 小 叮 嚀 ·

起針針數要看玩偶的實際大小，因為
要平均分成兩邊，因此只要起針單數，
再以相同方式鉤織即可。

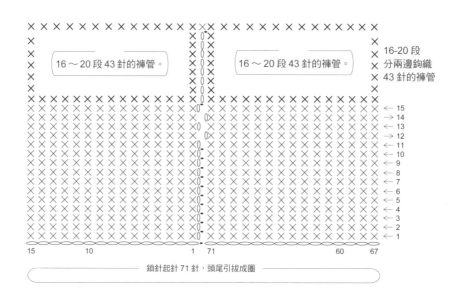

16 ～ 20 段 43 針的褲管。　　　16 ～ 20 段 43 針的褲管。

16-20 段
分兩邊鉤織
43 針的褲管

鎖針起針 71 針，頭尾引拔成圈

19 領片 P.33

線材　EX991 白色（01）7g ／條．貝碧嘉紅色（14）9g ／條

工具　5/0 號鉤針、4/0 號鉤針

配件　小珠珠少許（依個人喜好裝飾用，亦可不縫）、
　　　小毛球 2 個（綁帶墜飾）

作法

鎖針起針 101 針，頭、尾兩側各留 20 針不鉤，作為綁帶。從第
21 針開始接線，鉤織 61 針短針，接著鉤 3 針鎖針，往回跳過 1
針不鉤，在下一針鉤織短針（也就是挑第 3 針鉤織），如此鉤織
29 組 3 鎖針＋ 1 短針。
前 3 段為：3 鎖針中間空 1 針短針不鉤。
最後 1 段為：4 鎖針中間空 1 針短針不鉤。

領片　1 個

段	針數	織法
6	145	1 短 4 鎖
5	116	1 短 3 鎖
4	116	1 短 3 鎖
2	116	1 短 3 鎖
1	61	短針
起針	101	鎖針起針

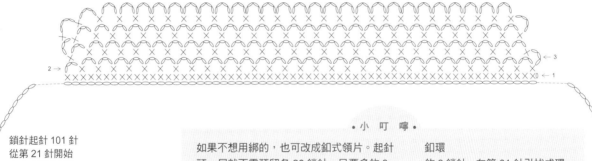

鎖針起針 101 針
從第 21 針開始
在中央挑 61 針

．小　叮　嚀．

如果不想用綁的，也可改成釦式領片。起針　　釦環
頭、尾就不需預留各 20 鎖針，只要多鉤 6　　鉤 6 鎖針，在第 61 針引拔成環。
鎖針，再鉤引拔作出釦環即可。

20 亮彩拼接燈籠裝的小花髮飾 P.34

使用線材、針號等詳細資料，請見 P.96。

1. 製作花朵。鎖針起針 20 針，再鉤 3 針立起針的鎖針後，回頭挑第
   20 針鉤織長針，依織圖鉤長針 8 針、中長針 8 針、短針 3 針、引
   拔針 1 針，結束後留 20 公分左右的線。以長針那頭為花蕊，背面
   朝上開始捲起，將捲好的小花縫合固定，順便縫在別針上。
2. 鎖針起針 8 針鉤織葉子，在 1 鎖針的立起針後，依序鉤織 1 針短針、
   1 針中長針、4 針長針、1 針中長針、3 針短針、1 針中長針、4 針
   長針、1 針中長針、2 針短針、引拔，預留線段後剪線，將兩片葉
   子與花朵別針縫合。

．小　叮　嚀．

小花別針可作髮飾，亦可作為胸針。

小花

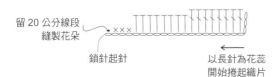

留 20 公分線段
縫製花朵

鎖針起針

以長針為花蕊
開始捲起織片

葉片

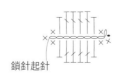

鎖針起針

22 皮草風奢華洋裝 P.38

線材 Cedifrd 佛瑞塔粉紅色（9057）100g，Tender 花長
　　 毛粉紅色（9271）50g

工具 6/0 號、8/0 號鉤針、12 號棒針

配件 直徑 1 公分鈕釦 2 顆、直徑 1.5 公分金鈕釦 1 顆、
　　 直徑 0.7 公分塑膠彩珠 60 顆

作法

洋裝

取佛瑞塔線開始鉤織，鎖針起針 70 針，依織圖先往上鉤
織短針的前、後肩襠，以及鎖針的肩帶。並且在前肩襠指
定位置縫上鈕釦。
接著在起針的另一側挑針，依織圖一邊加針一邊往下鉤織
長針的裙片花樣。裙襬最終段，改以長花毛鉤織短針的滾
邊。

洋裝

	段	針數	加減針
上衣肩襠	9～15	依織圖分別鉤織前肩&左後、右後肩襠	
	8	54	－ 7 針
	1～7	70	在鎖針上挑針鉤織短針
腰際	起針	70	鎖針起針
裙片	1	84	＋ 14 針 長針花樣 5 針 1 組共 14 組
	2	84	不加減
	3	98	＋ 14 針
	4	98	不加減
	5	112	＋ 14 針
	6	112	不加減
	7	126	＋ 14 針
	8	126	不加減
	9	126	短針 花長毛海

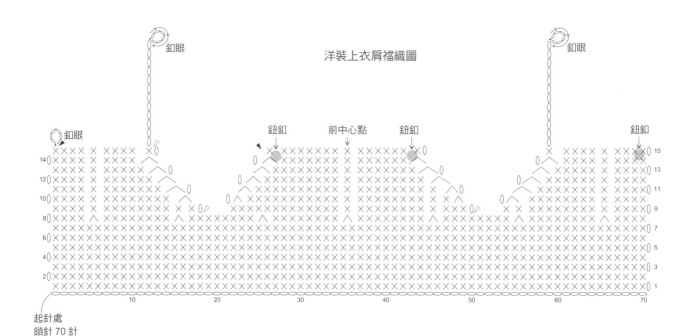

洋裝上衣肩襠織圖

兩用圍巾／外套　1 條

使用長毛海線材的圍巾，不適合使用鉤針，所以改以棒針編織。
起針 20 針，接著以 1 段下針和 1 段上針的平面針編織成 120 段
的長條形，兩側分別縫合約 5 公分左右，此款式既可以當成圍巾，
亦可當成小外套。

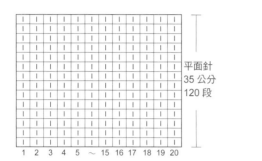

平面針
35 公分
120 段

1　2　3　4　5　〜　15　16　17　18　19　20

5 公分　　　5 公分

皮革風洋裝裙片織圖

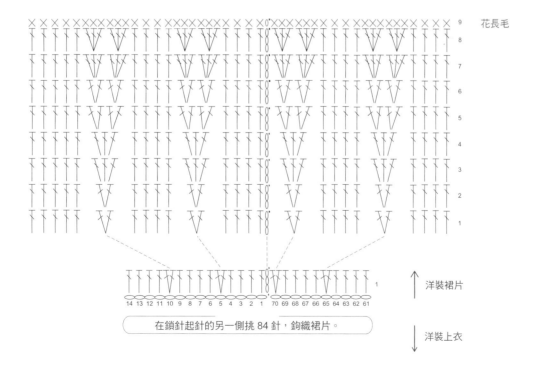

9　花長毛

在鎖針起針的另一側挑 84 針，鉤織裙片。

↑ 洋裝裙片

↓ 洋裝上衣

小背包　1個

取佛瑞塔毛線鉤織，輪狀起針，依織圖一邊加針一邊鉤織短針。
最後 1 段以花長毛線鉤織滾邊。取 55 顆塑膠彩珠，穿繩後縫在
袋口兩側，作為背帶。其餘 5 顆彩珠，則是穿繩後固定在袋口前
後中央，作為扣飾。

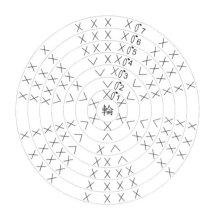

段	針數	加減針	織法
5〜7	24	不加減	
4	24	＋6針	XXV
3	18	＋6針	XV
2	12	＋6針	V
1	6	輪狀起針	

· 小 叮 嚀 ·

小袋子的背帶也可以毛線鉤織。

鞋子　2個

輪狀起針，依織圖一邊加針一邊鉤織短針。最後 2 段以花長毛線
鉤織滾邊。

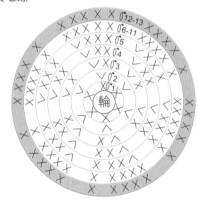

段	針數	加減針	織法
12〜13	30	不加減	花長毛海 8/0 號鉤針
6〜11	30	不加減	
5	30	＋6針	XXXV
4	24	＋6針	XXV
3	18	＋6針	XV
2	12	＋6針	V
1	6	輪狀起針	

● 樂·鉤織 27

玩裝家家酒　兔妞&熊妹的可愛穿搭日記

大·中·小　3 尺寸手鉤玩偶 × 18件娃娃裝 × 25款配飾

作　者／秦玉珠
發 行 人／詹慶和
執行編輯／蔡毓玲
特約編輯／蘇方融
編　輯／劉蕙寧·黃璟安·陳姿伶
執行美編／周盈汝
美術編輯／陳麗娜·韓欣恬
攝　影／數位美學·賴光煜
製　圖／巫鎧茹·千惠
出 版 者／雅書堂文化事業有限公司
發 行 者／雅書堂文化事業有限公司
郵撥帳號／18225950
戶　名／雅書堂文化事業有限公司
地　址／新北市板橋區板新路206號3樓
電　話／（02）8952-4078
傳　真／（02）8952-4084
網　址／www.elegantbooks.com.tw
電子郵件／elegantbooks@msa.hinet.net

2022年11月二版一刷 定價 350 元

材料提供

本書所使用的各式線材，皆由英秀手藝行提供。
地址：802高雄市苓雅區五福三路103巷16號
電話：（07）241-2412
部落格：http://ishandcraft.pixnet.net/blog
電子信箱：ishandcraft@gmail.com

經銷／易可數位行銷股份有限公司
地址／新北市新店區寶橋路235巷6弄3號5樓
電話／(02)8911-0825　傳真／(02)8911-0801

版權所有·翻印必究
※ 本書作品禁止任何商業營利用途（店售·網路
販售等）＆刊載，請單純享受個人的手作樂趣。
※ 本書如有缺頁，請寄回本公司更換。

國家圖書館出版品預行編目 (CIP) 資料

玩裝家家酒 兔妞＆熊妹的可愛穿搭日記：大·中·小
3尺寸手鉤玩偶 x18件娃娃裝 x25 款配飾／秦玉珠著.
– 二版 . – 新北市：Elegant-Boutique 新手作出版：悅
智文化事業有限公司發行, 2022.11
　面；　公分 . – (樂鉤織；27)
ISBN 978-957-9623-93-3(平裝)
1.CST: 編織 2.CST: 玩具 3.CST: 手工藝

426.4　　　　　　　　　　　　　111017538